30岁

趁势而为

【美】陈愉 Joy Chen 著

张彤 陈爽 陈菲菲 宋晶晶 译

 北京联合出版公司
Beijing United Publishing Co.,Ltd.

谨以此书，献给那些愿意勤奋工作，

也愿意寻找职场捷径的人。

序言

今年 4 月，一位老朋友转给我一封来自大洋彼岸的邮件，信中陈愉女士邀请我为她的新书《30 岁趁势而为》撰写序言。

打开陈愉女士的来信，我被她的自我介绍和热情邀请感动了。我与陈愉素未谋面，但她却愿意通过种种渠道辗转找到我为她的新书作序。这不仅打动了我，也让我心中生起一股敬意：从她的这一系列尝试和付出中，我看到的是陈愉对中国读者市场的尊重与向往。与其说她是在寻找我这个人，不如说，她是在试着走近她在中国的读者，与他们之间构建起更为紧密的情感联结。我作为一个读者，感受到了她对中国市场的重视与深深的诚意。

陈愉女士的经历，可以说是一个华人在美国奋斗成功的传奇故事。作为一名女性以及华裔，带着这两种容易让她触碰职场天花板的身份，她在 31 岁就成为洛杉矶市副市长。而在此之前，她是房地产业的高管，没有任何与政坛相关的正式经历。洛杉矶市副市长任期结束后，她二度转行，成了高管猎头，以及横跨太平洋的知名作家。

　　一次次的职场胜利、一次次地超越自我，陈愉谦卑地把她的成功归结于她"撩"到了好运后趁势而为的结果。大多数人会把成就归功于自己的努力或是天赋，而把失败归结于运气不好、时机不巧。但是，这位屡战屡胜的企业高管、政坛明星、知名作家，为何反其道而行之？在新东方，我做了 10 年的留学与职业规划辅导，帮助成千上万的学生走出迷茫，找到了人生方向，但是还没有哪一次我给学生的建议是，你还不够幸运，去找找好运气吧！

　　翻开《30 岁趁势而为》，我的疑问很快就得到了解答。表面上，这本书是围绕"职场中的势和运"而展开的，但陈愉却告诉我们——遇见意外之势、天降大"运"的前提，是你突破了对个人能力的质疑，用巧妙、有针对性的方式反复提升自己的专业技能，有意识地延伸自己的社交网络并且悉心维护，同时怀着好奇之心在不同的领域广泛涉猎……好运和惊喜，是为这样的你而准备的。

　　《30 岁趁势而为》是一本视角独特的职场自我提升指南。它是一本教你如何打破职场习惯性思维桎梏，培养制胜工作习惯的"实用手册"。它也是一本带有个人传记性质的"职场笔记"，陈愉把自己的成长经历、心路历程娓娓道来，字里行间流露着愿意和你推心置腹、结友交心的真诚……读着读着，你会发现，虽然你与她素未谋面，但她似乎就是你神交已久的老友。

　　说"趁势而为"的陈愉，确实屡屡"撩"到了职场好运。但读完这本《30 岁趁势而为》你会顿悟，其实运气对陈愉并非特别眷顾。"运气"的种子，是她日积月累用不计回报的付出、用她对他人需求敏锐的把握，不懈地浇灌、培植、耕种才最终开花、结果的。堪称成功女性榜样的陈愉女士在书中的倾诉和分享，会让你对"好运"和"惊喜"有一个全新的认知。如果你认真地倾听书中衷曲，也许就真的会给你带来人人渴望的职场好运和人生惊喜！

海明威曾说过这样一段话，他认为对于一个"真正的作家"来说，每一本书都是一个新的起点，"从此处出发，他又将试着去完成某个几乎不可能达到的目标。一个真正的作家应该总是去尝试一些从未被实现的事，或是别人反复试过但却失败的事。这样的话，有时候，如果赶上他运气还特别好，便会成功"。

如果运气特别好，便会成功？

是的。前提是，你必须把每一天当作一个新的起点，把每一个难题当作一个新的机会，把每一个目标当作一场新的冲刺，把每一次对他人的帮助当作获得自身成功的神谕……这是陈愉走过的路，也是把陈愉带到今日成功的明灯。《30 岁趁势而为》浓缩了陈愉一路走来的这种智慧，希望她的智慧人生也同样能照亮你的自我奋斗与探索之旅。

徐小平

2017 年 6 月

contents

目　录

How to get lucky in life

第 1 章

这是一本教你

撩到好运气的

实用指南

有人让事情发生，有人看着事情发生，还有人不知道发生了什
么。成功者，须是那些让事情发生的人。

——吉姆·洛弗尔（Jim Lovell），
美国国家航空航天局（NASA）宇航员[1]

回首人生，我在三个大洲从事过四种职业。我在洛杉矶做房地产开发商，然
后成了洛杉矶市副市长，后来又成为 CEO 猎头，为南北美洲、欧洲和亚洲各地的
《财富》世界 500 强企业物色高管人员。如今，我是畅销书作者和中国流行文化媒
体创作者。

听闻我的职业之路后，很多人首先会问："你为什么一直在改变职业选择？"
其次就会问："你如何能够不断地改变职业选择？"

有意思的是：我以为自己会永远留在房地产行业。我从来没有想过要做副市
长、高管猎头或者作家，是这些职业自己找上门来的。每一次，当我进入一个全新
的行业时，都会遇见很多已经努力打拼了数十年的人。而每一次，我这个新人却都
被直接请进该领域的塔尖。

这是为什么呢？

因为我有好运气。

听到这儿，你一定会觉得我是在故作谦虚，或者认为女性往往会把成功归功于
运气，而男性则归因于自己的能力。别急，听我慢慢道来。

我的好运不是凭空出现的，我不是名门二代，也没有美若天仙。事实上，我和

你们一样平凡，家里既不富裕又不显贵，论聪明、论相貌都没有特别出众。没人会觉得我外表像超模，我的身高只有一米五五，身材也一般，大腿和屁股一不留神就会发胖。

然而事实上，在过去 20 年里，我一直有着异常好的运气。

但我并不是唯一一个被命运眷顾的人，在我做高管猎头的 7 年里，我有机会面试过几千位全球最成功的人士。有的人人到中年又半路转行，有的人二十几岁就声名鹊起，成为改变整个行业的企业家。你知道这些人有什么共同点吗？

他们一样有好运气。

他们的好运气和我的一样，也是突然降临的。在与他们倾心交流的过程中，我多次听他们谈到，有那么一个特殊的时刻，幸运向他们招手。而当他们回首审视自己的足迹时，才猛然发现："哦，一切都是从那一刻开始的。"

他们是收获了好运的人。很多人在得到幸运眷顾之前，挣扎了许多年。但是，好运一旦到来，就像涌入了滔滔江河之水，更多的好运气一波又一波地出现在他们的生命中。

我是如何撩到好运气的

我在美国长大，但生于传统的中国家庭。也就是说，从出生起，家人就教育我要相信成功源自两个"Har"打头的词：

Harvard（读哈佛）、

Hard work（多干活）。

我的父母都是典型的早期移民，20 世纪五六十年代来到美国，就读于美国顶
尖学府的研究生院。我父亲进入麻省理工学院学习，母亲则进入了康奈尔大学。

在获得理工学硕士学位后，父亲进入美国政府工作，在那里当了一辈子的工程
师。就像在中国一样，人们认为政府的工作稳定、不用操心。薪水虽然不高，但总
归是铁饭碗，工作也不用很拼命。

可是，父亲却不这么想。每逢周末和晚上，他是唯一一个会把工作带回家来做
的人。出差开会的时候，他也不和其他同事一起住三星级的会议宾馆，而是自己去
住廉价的旅馆——他想给部门省点儿钱。

当初父亲来美国的时候，全部家当只有一件冬大衣，还有从朋友、家人那里借
来的 200 美元和麻省理工学院的奖学金。他推迟了一年入学，在这一年里，他每天
洗 12 个小时的盘子，晚上花 4 个小时学英语。和其他五个中国人一起，蜗居在纽
约一间租来的单间里。尽管父亲刚到美国时生活拮据，但他一辈子辛勤耕耘，换来
了我们一家衣食无忧的安稳生活。我和我弟弟也顺利进入顶尖学府就读。

可是，在父亲的同事中，只有他拿着麻省理工学院的硕士文凭，其他人都是不
知名大学的本科毕业生。尽管他学历背景优异、职业操守高尚，但他却从没有晋升
过。在父亲的职业生涯里，他从未跻身管理层。

我母亲的经历也大同小异。她获得了生物医药学博士学位，毕生都在为美国政

府工作，先是做实验室科学家，在小白鼠身上做实验，后是做一份文职，评估其他科学家的工作。她也从未晋升至管理层。

那一代所有的中国移民都跟我父母有着相似的故事和经历。他们是一批来自中国的优秀学生，但是在完成了美国顶尖名校的研究生学业后，几乎所有人都留在科学和工程设计岗位上做了技术人员。

这些早期中国移民是世界上对"读哈佛，多干活"策略最深信不疑的人。因此，他们成为美国受教育程度最高、工作最辛苦的一批"小蜜蜂"。在当时，美国人对中国人的刻板印象就是：中国人有礼貌、肯干活，对上级恭敬顺从，人也谦和，有一点儿呆板。而我们也的确是这样。

我的职业规划是这样的：寒窗苦读考进哈佛或者其他名牌大学，之后进入职场兢兢业业地工作。

上学的部分我完成得还不错，我被杜克大学录取并在那里就读。

毕业后，我搬到洛杉矶，想做一名成功的高层建筑地产开发商。

每天上班，我都到得比老板早，走得比保安晚，周末更是只有我一个人在加班。每次别人请我帮助他们做项目时，我都会一口应允："包在我身上！"

我以为这样做，别人就会看到我工作多么努力，并因此而奖励我。

可现实世界并不是这样运作的，不是吗？那些勤劳的"小工蜂"受教育程度最高、干活最卖力，他们在现有的岗位上才是有价值的。毕竟，要是提拔了他们，谁来干活呢？

果不其然，到了该提拔员工的时候，被提拔的都是那些干活比我少的人。上一辈中国人的故事就这样倒带，在我的人生里再一次上演。

我的父辈们经历了战乱与贫穷，他们的梦想就是来到美国，进入一所顶尖学府的研究生院，找一份稳定的工作，为自己的孩子们在这里创造出他们的生活。他们实现了自己的梦想，也理应为自己的成就感到自豪。

但是，对我们这一代没有经历过战火与贫穷的人来说，我们的梦想却不止于此。我们为了自己的教育付出如此艰辛的努力，现在自然想要学以致用，有一番**作为**。我们寻找的不单单是安稳的工作，我们有新的梦想，我们想追寻富有激情和意义的事业。

可是，如何避免成为"小蜜蜂"的命运呢？二十几岁的我怀有远大的理想，却不知路在何方。我就是那个踌躇满志、业绩优异、埋头苦干却内心茫然的年轻华裔，和全球数百万华裔一样。

接下来，非同寻常的事情发生了。好运突然闯入了我的生活——我被任命为洛杉矶市的副市长。那年，我31岁。

那之后，我的事业蒸蒸日上。如果用图表表示我人生的走向，我二十几岁那段几乎就像一条没什么倾斜度的直线，而我被任命为副市长这个契机就是我事业的第一个重要拐点。自那以后，我的事业便扶摇直上。

4年后，随着我们那一届政府的任期接近尾声，我准备回到房地产行业，但是好运再一次眷顾了我。一家房地产公司的猎头找到我，邀我加入*他*的公司。

我成了一名高管猎头。这件事对我来说是喜上加喜，因为我发现我可以把物色高管的技巧直接用在物色我的人生伴侣上。这场搜寻最终让我找到了大卫（Dave），

38 岁那年，我嫁给了他。

我以为我会一直是高管猎头，但是幸运第三次眷顾了我。我受到邀请写了一本书，不是为美国人写的，而是给中国的朋友们写的。我写的《30 岁前别结婚》一纸风行，更是成就了我现在的事业。

"读哈佛，多干活"不是成功的充分条件

我们来细看一下"读哈佛，多干活"这条准则。首先，哈佛或者其他名校的文凭是否能带来成功呢？这个问题不但有趣，而且很重要，因为许多家庭为了能让孩子进入顶尖名校，都做出了巨大的牺牲。很多人认为，孩子在高中阶段、初中阶段，有些情况下甚至连学前阶段都应该为了进入常青藤盟校而不懈努力。人们认为，孩子上大学的时刻就是一个家庭"一考定终生"的时刻。

那么，常青藤盟校的学位真的有这么厉害吗？

其实，阿兰·克鲁格（Alan Krueger）博士对这个问题已经做了科学的研究。克鲁格博士是美国经济顾问委员会主席，也是奥巴马总统的顶尖经济顾问，获康奈尔大学学士学位、哈佛大学硕士与博士学位，执教于普林斯顿大学。在克鲁格最著名的一项研究中，他比较了那些上精英学校的人和那些上非精英学校的人的事业轨迹。[2] 最初的研究结果显示，那些上了名校的人赚得多得多。

但是后来他想，也许那些上了常青藤盟校的人只是家里更有钱，或者在上学之前就已经为后来的成功做好了铺垫。为了调整这个偏差，克鲁格研究了那些本来收

到了名校录取通知书，但最终却去了某个名不见经传的学校的人。结果发现，20年后，这些学生和那些名校毕业生的收入是一样的。

克鲁格和他的经济学家团队得出结论：一个人是否上了名校，对他未来的收入几乎没有什么影响。这一发现有着非同寻常的重要性，它应该让我们所有做家长的和处在人生长河中的个体都感到慰藉：正如名校学历不能给成功打包票一样，上不了名校也不会毁一生。

换句话说，借用逻辑学的观点来看，一个人的成功和他是否上了常青藤盟校有"相关性"，但却不一定是"因果关系"。

所以，有天赋是否就能成功？我认识不少上了哈佛大学和斯坦福大学以及其他名校，后来也非常成功的人。这其中有一些"大人物"，你们可能在新闻里听说过。我也认识过上了哈佛大学但是后来却碌碌无为的人。他们在 17 岁拿到大学录取通知书的时候，就达到了事业的巅峰，后来数十年却渐渐销声匿迹。这些人就是你没听说过的哈佛毕业生。

逻辑学再次为我们理解事物间的关系提供了有用的概念，我们可以认为天赋是成功的必要不充分条件。

就我自己做猎头的经验来说，名校学历"看着漂亮"，但也不是"非有不可"。哈佛的学位写在自己的简历上的确让人眼前一亮，放在你孩子的简历上也许更好，让你一生都有吹嘘的资本。

但是，让我们明确一下：拥有漂亮的名校学历并不意味着成功。

事实上，比名校学历更重要的是，一个成年人，他在事业和生活上有多睿智。

如果读哈佛不能给成功打包票的话，那么多干活呢？人们不是都说，多干活是成功的关键吗？

很多人认为，多干活必然就能成功。这是不对的，不是吗？想想看，埋头苦干的人很多，有些人是真的干了很多很多活，但却从未成功过。为什么？

同样地，多干活只是成功的一个"必要而不充分"条件。

天赋和努力都是成功的必要条件，但是它们是不是成功的充分条件呢？换言之，天赋加努力就等于成功吗？

想想看，大多数成功人士都是既有天赋又努力工作的人，但是你和我都知道很多人有天赋又努力地工作，但是他们终其一生都只是碌碌无为，从来没有取得过真正的事业成功。

想知道为什么吗？因为在如今的时代里，天赋和努力是成功的必要不充分条件，就像：

· 空气是人类生存的必要条件，但不是充分条件，因为人类生存还需要食物和水；

· 水的沸腾是做汤的必要不充分条件；

· 勇敢是成为好战士的必要不充分条件。

多干活是成功的必要条件，却不是充分条件。

天赋和努力都不是成功的充分条件，除了天赋和努力外，成功还有一个必要条件，就是好运气。

如今，好运气是成功的必要条件

我们的社会对运气谈论得太少。这其中有一部分是蓄意为之，很多成功人士把自己的成功完全归功于自身的天赋和努力。这也是可以理解的。心理学家把这种倾向性称为"自利性偏差"——我们倾向于把成功归功于自己，而把失败归罪于外部因素。[3] 并且，这种偏见常见于富人：当发达国家有才华又勤劳的人们发迹后，他们常常将自己的成功归因于自身的才华和努力，而非其他。[4]

但是，人们忽略了生命中的好运，并不代表好运是不存在的。运气的确很重要，对他们来说尤其如此。

当社会忽略好运的作用时，我们就都输了。这是因为，越来越多的证据表明，当人们把成功完全归因于自身努力，而不是才华、努力和好运的共同结果时，人们就会变得不够慷慨、不够有公益心，甚至有可能不去支持那些让他们的成功变得可能的因素，比如公共设施建设和教育等。

而当人们被提醒，从而惊喜地意识到自己的好运气时，他们才变得更乐于做好事。[5]

在这个全球化与技术化不断变革、让人目眩的时代，在这个唯一不变的就是变化的时代，成功属于幸运的人。如康奈尔大学经济学家罗伯特·弗兰克（Robert Frank）所说，这与我们的经济正转型为"赢者通吃型市场"有关。在竞争残酷的领域，为数不多的赢家带走了大多数奖励。越来越多的经济领域开始像体育与音乐领域一样，竞争者逾百万，而赢家赚到的则是输家的几千倍。[6]

弗兰克援引了人们熟知的税务会计师的例子。在 20 世纪的美国，消费者报税行业被地方社区会计师垄断。每年，消费者都到居委会会计师处进行报税。会计师们只需和周围的会计师竞争，只要努力工作，就能做出一番事业。但是，到了 21 世纪，科技让人们不再受到地理位置的限制。20 世纪 90 年代，在线税收软件 Turbo Tax 出现了，让消费者能够自己在家进行报税。Turbo Tax 在互联网出现的早期就赢得了客户，而互联网的发展使得其竞争优势与日俱增。目前，该公司已经垄断了美国的线上报税业务。数以千计的居委会会计师因此失业，而在 2016 年，Turbo Tax 母公司的 CEO 却赚了 1.3 亿元人民币。[7]

赢者通吃型市场加剧了幸运的人和不幸的人之间的贫富差距。一个有才华、肯努力却不走运的人可能艰难度日，而另一个才华和努力与其相当，甚至还比不上他的人，却因为撞了大运而发了百万元乃至上亿元的大财。

显然，今天特别成功的人士都是才华和努力兼备的，但是这些有才又努力的人能够成功的决定因素其实是——好运。[8]

世界从来都是不可预知的，当下的世界更是如此。随机性事件将在我们的生活中扮演越来越重要的角色。机会可能在你最意料不到的时候出现，然后转瞬即逝。

在你我的生活中，成败只在一个幸运的瞬间。

这就是残酷的现实：在新世界里，"读哈佛，多干活"不再对你最终的成败起决定作用，反而是纯粹的运气更重要。

我们的全部生活可能都悬于一线运气。这念头似乎有些让人沮丧，但是回顾我自己和其他人的职业之路，我发现，这好运也并非全然不可捉摸。在我和他人的故事中，都有一些方法招来了好运气。我把这些方法放在了后面的章节中。

虽然很多人当时付出的行动是无心插柳，但你可以有意识地使用一些方法，撩得好运来敲门。而好消息是，这些行动非常激动人心，既有益又有趣。

这本书适合你吗？如果你所认为的成功是做一份不太辛苦的工作，过安稳而平静的生活，那么它并不适合你，你无须再读下去。

这本书是写给你——the crazy ones——那个迫不及待地想开始一段有趣而充满激情的事业的你，那个想利用好运气帮助自己抵达彼岸的你。

在接下来的章节中，我会从别人的生活中，但更多的是从自己的生活中举些例子。这不是因为我的故事比别人的重要，只是因为我最了解我的故事。为了拓宽我们的视野，我还会引用全球最权威的心理学家和商业思想家的观点。

这是一份教你招来好运气的实用指南。此时此刻，这是我所能想到的最重要的写作题材。不论你是男是女、已婚或未婚，你们的梦想决定了你到底会成为什么样的人。我们通过事业实现自己生而为人的潜能，发掘自己在世界上创造价值的快乐。

在开始前，请允许我留一句按语：请把本书从头读到尾。我在我的第一本书

《*30 岁前别结婚*》里，也曾说过同样的话，但是很多读者并没有这么做，而是直接跳到了关于性爱的部分。因此，我要直接告诉你们，这本书里没有性爱内容。所以，请你安下心，相信我。本书是按照逻辑来组织内容的，这样的顺序自有它的道理。

让我们一起开始这趟阅读之旅吧！

How to
get lucky
in life

第 2 章

扔掉陈旧的
职业规划

有人凭好运与技能就能赚得盆满钵满。

——比尔·盖茨（Bill Gates），企业家、慈善家[9]

从我小的时候起，父母就一直谆谆教诲我工作的稳定性高于一切。"我们是移民！"他们总说，"身为背井离乡的外国人，复杂的职场关系能在我们毫不知情的情况下就毁了我们。要是人家炒你鱿鱼怎么办？找份稳定的工作，靠得住的，最好是政府的工作，然后这辈子都别换地方。"

上高中时，到了该考虑职业选择的时候，我环顾着生活中的大人们。因为我们的社交圈里只有中国人，而我们认识的中国人又都是科学家和工程师，所以，我的世界观也仅限于此。

当时，我想：我喜欢动物，也喜欢海滩。于是，我决定要做一名海洋生物学家。杜克大学的海洋生物学专业在全美排名第一，于是我就申请了杜克大学。当学校接受了我的申请时，我就去那儿读书了。

正是在杜克大学，我的职业第一次偏离了预定的轨道。我学习的是海洋生物学，但是却被文学、哲学、人类学和宗教学的课程深深迷住了。我意识到，事实上，地球上最让人着迷的物种并不生活在海里，他们的生物学种群是**智人**。

我深深迷上了有关中国和亚洲的一切，最终改学了东亚研究。

那时，杜克大学刚刚成立了女性研究专业。专业的带头人都是女教授，致力于女性主义工作。她们劝诫我们说："我们努力追求权利平等，就是为了年青的一代可以自由飞翔！到外面的世界里成为榜样吧！"我周围都是美国商界和政界精英的后代。我的同龄人都认为，他们和自己的父母一样，也一定会功成名就。受到身边人和环境的影响，我也开始有了更远大的梦想。

1991 年，我们毕业时，社会经济的中心都是那些金字塔结构的大型公司。大多数员工都在金字塔的最底层工作。你也可以称他们为"勤劳的小蜜蜂"。他们的上一层是管理这些"小蜜蜂"的人，叫作"经理"（Manager）。管理经理的人叫"主管"（Director），主管上面是"副总裁"（Vice President），副总裁往上是"高级副总裁"（Senior Vice President），再往上是"行政副总裁"（Executive Vice Presidents），最后万人之上的是首席执行官（CEO）。

我和我杜克大学的小伙伴们是这样规划我们的职业生涯的：

（1）进入一家高大上的公司；

（2）进入该公司的"高潜力人才培训项目"；

（3）拼命工作，给老板拍马屁；

（4）将以上步骤重复 20～30 年；

（5）最终有一天，通过不懈努力，做到 S-level（高级副总裁）或者 E-level（行政副总裁），说不定还能成为 CEO。

毕竟，通用电气的杰克·韦尔奇、可口可乐的罗伯特·戈伊苏埃塔和当今的大多数商界名流走的都是这条路。

我以为我会永远从事房地产行业

毕业后，我想逃离东海岸的寒冷天气和保守气氛，想搬到能看见更多蓝天和更多中国同胞的地方，于是，我选择了洛杉矶这个璀璨的梦想之地。除了一个装满衣服的手提箱，我什么也没带便只身驾车穿越美国大陆。

那时在洛杉矶，我曾有过一个梦想。我想建造设计优美、高科技且环保的商住多用建筑，人们能够在那里工作、娱乐、抚养孩子。这个想法听起来很理想化，但我也有实际的考虑。成功的美国房地产开发商都是名利双收的，我也想名利双收。

经过一番打拼，我终于进入了美国最负盛名的高层建筑地产开发公司。高层建筑开发过去和现在都是一个男性主导、具有攻击性的大男子主义堡垒——从大家互相炫耀谁的大厦更高这一点就能看出来，就像在比拼自己的男性气概一样。在建设摩天大楼的时候，你不能先盖几层，租出去，然后拿赚来的钱再去投资多盖几层。你必须一气呵成。这就意味着每个项目都带着巨大的金融风险，而巨大的金融风险更能吸引具有极大野心的人。这样看来，在 20 世纪 90 年代的美国，这个行业被身材健硕、长相帅气的白人男性所主导，也就不奇怪了。

作为一个瘦小的、年轻的，甚至外表看起来比实际年龄更小的美籍华裔女性，我觉得，要想有资历（credible），首先要增加学历（credentials），而且动作要迅速。我进入了加州大学洛杉矶分校研究生院（简称 UCLA），攻读两个（还不是一个）有关房地产行业的学位：城市规划专业硕士和房地产金融 MBA。

为了防止浪费时间，我一边工作一边读完了这两个硕士。别人开 party、逛沙滩或者爬山的时候，我一直在不停地工作，工作，再工作。

我并不介意这样的生活。我是中国人，我们中国人知道如何吃苦。

20多岁是我一生中最可怕，也最迷惘的时光。我在大城市里独自奋斗，经济上、情感上和精神上都只能靠自己。父母在离我3000英里（1英里≈1.609千米）远的东海岸。我在洛杉矶举目无亲，开始阶段，甚至连朋友都没有。有时候，当我穿着名牌西装和高跟靴，迈着健步坚定地走在机场里的时候，我觉得自己很成熟。但其他时间，我觉得自己只是在扮演成年人的角色。我渴望生活中能有些牢靠的事情，不会像我的公寓、男朋友和人生经历那样飘忽不定。

因此，我不顾一切地抓紧自己所选择的职业，房地产行业是我生活唯一不变的中心。工作和学习之余，我就去做志愿者，帮助洛杉矶市建造和管理供这里的穷人居住的廉租房。

尽管我十分渴望在房地产行业安定下来，但我每天都会担心自己是否选择了正确的道路。毕竟，当时是20世纪90年代，网络已经开始飞速发展。大量资金流入了因互联网而兴起的新公司。我紧张地看着我UCLA商学院的同学们抓住千载难逢的机遇扶摇直上。

在他们之中，有毕业后搬到硅谷的苏珊·沃西基（Susan Wojcicki），她把自己的车库租给了几个年轻人。这几个年轻人后来成了搜索引擎公司谷歌的创始人，苏珊也成为公司的第一批高管，如今是YouTube的CEO。《时代》杂志称她为互联网领域最强大的女性。[10]另一个同学戴福瑞，到中国建立了体育网络公司鲨威体坛网，之后卖掉了该网站，成立了国际旅行公司去哪儿网，并担任了去哪儿网的总裁，然后又卖掉了去哪儿网。

我每过一次生日，每每听到谁二十几岁就卖了自己的公司或有了自己的上市公司，都会感到胃里一阵翻腾，怀疑自己走的路是否真的是对的。过了一段时间，我认识的人似乎都离开了建筑业，去建设未来的互联网公司了。晚上，我夜不能寐，思考着自己如果加入他们，是否已经太迟了。我感觉自己就像个陪跑的。

但我还是在自己的道路上继续耕耘着。我当时想，不管网络多么发达，人们都需要住的地方和工作的地方，而我会建造这些地方。房地产行业也许不是个令人兴奋的行业，但却是*我的*行业。

回头来看，我认识到这样在一条职业道路上走到黑的做法是错误的。我很感激幸运最终眷顾了我，让我被任命为副市长。如果不是因为这件意外而又戏剧性的事情，今天的我很有可能是个 48 岁，虽然小有成就却深感沮丧的中年女房地产开发商。

这是创造性破坏的时代

就像我的事业规划已经过时一样，你的也可能如此。事实上，坚持任何一个职业规划这一观念本身就会影响你撩到好运气。这是因为巨大的变化从根本上破坏了我们整个经济。这是 1942 年被一位叫作"创新先知"的、有远见的经济学家约瑟夫·熊彼特（Joseph Schumpeter）发现的。他将这种变化称为"破坏性创新风暴"，借以描述新产品是如何替代旧产品的，并导致旧行业的失业和行业的消失，以及新行业出现后的资源再分配。[11]

　　熊彼特描述的创造性破坏在互联网出现之后得到了迅速的发展。就在我写作此书之时，Otto——Uber 旗下的自动驾驶卡车公司，刚刚完成了一趟 200 千米的无人驾驶运输任务，将 5 万罐啤酒运送到了美国西部。这在硅谷无人驾驶汽车世界的蓝图上是一个惊人的成就，也是一个里程碑。[12] 在媒体的热烈庆祝背后，很少有人会想到，这个里程碑会导致美国长途运输业两百万从业者失业，并且导致包括加油站、汽车旅馆和零售业在内的配套行业的更多人失业。[13] 这些就业机会的丧失尤其让人心酸，因为在美国，长途运输是那些没有大学学历的人能够从事的屈指可数的报酬优厚的工作之一，而美国有 70% 以上的成年人没有大学学历。[14]

　　创造性破坏是一个带有地理政治学意味的世界性趋势。身处被摧毁行业里的人们面临巨大的痛苦，继而选举那些承诺会努力保护这些就业机会和行业的所谓"民粹主义"政治家。但是，改变依然会继续，不可阻挡，永不停息。事实上，熊彼特把创造性破坏称为"资本主义的本质事实"。[15]

　　这就是我们技术时代恐怖的一面，我们的新型资本主义给社会带来的好工作很可能会越来越少。有些人会变得非常幸运、非常富有，享受着无尽的自由来创造属于自己的职业，但是很多人甚至是绝大多数人都会措手不及，继而越来越成为这一进步的受害者。

　　面临风险的不仅仅是个人，企业亦是如此。我们短短的一生，见证了大型成功企业存活年限的骤降。1965 年，标普 500 指数企业的平均上市年限是 33 年，而到了 1990 年，却只有 20 年了。据预测，在未来 10 年，标普 500 强企业中将有一半被替换。[16]

社会企业家比尔·德雷顿（Bill Drayton）是这样描述我们的时代的："我们处在一个本质性变化的边缘——在世界范围内，人们获得成功所必需的技能发生了改变，组织结构的本质发生了改变，引领商业的方式发生了改变。我们正从过去由一小批精英所引领的世界，逐渐过渡到一个每个人都需要做玩家的世界。"[17]

注意，他并没有说当今的世界人人都可以选择当个玩家。为了发展，甚至仅仅为了生存，人人都***必须***是个玩家。

我们都应该像企业家一样去思考和创造

传统的模式是：一件事情自然而然地降临在你身上。公司诞生，你被雇用，然后被升职或者解雇。你靠着自己的学历和过去的成就为自己的未来开路。

而在新世界里，职业阶梯被打破。你今天加入的高大上公司5年后很可能不复存在，即使它还在，也不再是你当初加入的那家公司了。企业培训项目被砍掉，我们的职业挑战比过去相对稳定时人们所面对的挑战复杂太多。如今，职业之路起伏不定，迂回曲折。

这一转变发生得如此之快，大多数人都措手不及。很多为事业努力了多年的人，他们几十年如一日地辛苦工作，尽管如此，却还是十分沮丧。他们依赖过去的事业模式，没有意识到这些模式无法带他们去自己想去的地方，因为规则总在频繁地变化，前进的道路可能让人难以看清。这就是很多人觉得成功很随机的原因。

别四处寻找完美的工作或者上司了。如今，不论我们是为公司工作还是为自己工作，我们都是企业家。从现在起，能够做你心灵导师，给你指导、保护、历练、经验、人脉和机会的人，只有你。你就是自己的新老板。

在世界飞速变化的时代，只有自己不断改变才是明智之举。忘掉你在哪里读的大学、忘掉你学了什么，甚至忘掉你过去从事何种职业。在这个时代，你所拥有的任何优势都是暂时性的。这意味着你必须永不满足，必须不断发展自己新的优势。即使你已经处在事业的平稳期，物质上相对富足或相对成功，你也必须有意愿去创造性地"毁灭"自己，不断发现全新的自我。

我本来对自己的人生有着非常清晰有序的规划——我要成为一个成功的房地产开发商。然后，在 26 岁的时候结婚，28 岁和 30 岁的时候要两个孩子。结果，我所有的计划都落空了。不过，恰恰是因为我没有遵循这些计划，意外之喜悄然降临在我的身边。

这是我们这个时代的悖论：这个时代既是一个具有创造性破坏的时代，也是一个充满着幸运和机遇的时代。与其把改变视作对我们自我保护的一系列破坏，不如从今天起接受这个现实——和自我规划相比，收获意外之喜才是我们人生更重要的一部分。

别再规划你的职业之路了。你的一切职业规划都是基于你过去对这个世界的了解，因此它总是错的。从现在开始，唯一重要的事情就是你此刻和未来要怎么做，才能招来好运气。你现在有机会，也有责任来掌控自己的人生。

How to get lucky in life

第3章

如何做到几乎无所不能

我知道你已经听过一千遍了，但这确实是真的：功夫不负有心人。如果你想做好一件事，就必须不断地练习，练习，再练习。

——雷·布莱伯利（Ray Bradbury），小说家[18]

努力的人很多，但为什么只有一部分人能够在工作中脱颖而出呢？想想看，我们每天醒着的大部分时间都在工作。有些人工作非常努力，但很多人非但没能变得优秀，反而几乎一直处在原地踏步的状态。

经验只是有时候能成就卓越。为什么呢？

答案存在于教育和认知心理学的一个神奇的跨界领域，科学家在这个领域研究那些极其成功的人的生活。

到底应该花多少时间和精力来让自己成为某一领域的佼佼者呢？我们当中很多人对此一无所知。因此，2011年，当畅销书作家马尔科姆·格拉德威尔（Malcolm Gladwell）出版他的《局外人：成功的故事》一书时，他的"一万小时法则"风靡全球。书中的观点是：要想熟练地掌握任何一项技能，都需要一万小时的练习，也就是10年时间。[19]

在这个钟爱流行文化的数字世界，美国人普遍将一万小时法则奉为成功的诀窍。世界各地前卫的人们都在晚餐派对和商业会晤上谈起这个话题。对话通常是这样的：

A："我在投行已经做了5年了，但说实话，还是没有我期待的那么顺利。"

B："啊，你听说过一万小时法则吗？做什么事情都要花一万小时或者说 10 年时间才能做到最好！加油！"

这些关注招致了那些调查一万小时法则的研究者的不满，比如瑞典心理学家安德·埃里克森（Anders Ericsson）博士——他用了近 30 年对人类行为进行研究，成为该领域世界顶尖的研究专家。

原来，格拉德威尔借用了埃里克森有关小提琴家在 20 岁之前平均要练习多少个小时的研究。埃里克森公开斥责了格拉德威尔，反驳他说，首先，一万小时只是平均的练习时间，这一数字的平均差却很大。很多小提琴家的训练时间远远超过了一万小时，而其他人则远远不够一万小时。[20]

其次，在此项研究进行时，这些小提琴家只有 20 岁，还未能成为自己领域的大师。埃里克森说，实际上，一万小时还是低估了需要成为行业顶尖人才所要付出的时间，因为在国际钢琴大赛上获奖的钢琴师们通常都是在 30 岁左右才开始崭露头角的。这样算来，此前他们已经平均练习了至少两万到两万五千小时。

埃里克森反对一万小时法则的主要原因是，他认为任何数字都无法划定这一质变的过程。因为他的研究主体表明，每个人所需要成为顶尖人才的练习时间都不同，练习的质量远比数量更重要。

在英文里，我们总说，"Practice makes perfect"——熟能生巧。说得多了，这道理似乎已经不言自明。但是，根据埃里克森的调查，这其实是个谬论。要想有所长进，你不能 20 年里都只练习同一件事。

为了成为任何领域的世界级大师，你需要的是"有效练习"，有效练习的内容包括：

（1）能逼迫自己走出舒适区的练习；

（2）遵从专家设计的用于发展特殊能力的训练活动；

（3）利用他人的反馈找出弱点，并加以改进。[21]

这与我们当中绝大多数人的练习方法大相径庭。

拿我自己来说吧，在不懈追求健身的过程中，我每周都会去上几次小组拳击和循环训练课。每节课上，教练都会设计一系列针对全身的体能练习。我们要轮流做完这些循环练习。我个人比较喜欢戴手套的拳击练习，而不太喜欢短跑、俯卧撑、匍匐前进和壶铃球的练习。并且，我可以悄悄告诉你，在遇到我喜欢的动作的时候，我通常都做得很慢、很认真，这样就可以拉长时间，而不用很快就开始我最不擅长的练习了。

我最痛恨的就是引体向上，因为我缺乏上肢力量。为了完全躲开这些运动，我就做身体拉伸，或者耍耍小计谋，喝点水休息一下。

健身房推广一对一私人课程，可是那些课好贵啊！

好吧好吧，其实是因为虽然我在健身，但我不想让别人管着我，更不想要一个受过专业训练的教练告诉我，我哪里做得不够好。拜托，我可不想离开自己的舒适区。我喜欢我的舒适区啊！这里的一切既温暖又惬意。见鬼，我能做的那些练习比我不能做的那些实在是轻松太多，也有趣太多了！

瞧我这态度，幸好我没立志要做专业运动员，因为有效训练要求你专门专注于你不够好的技能，并且坚持不懈地练习。

科比是如何成为第一的

要跨出自己的舒适区很艰难，因此，要成为优秀的人需要极大的积极性和自律性。问问我洛杉矶的小伙伴，已经退役的湖人队篮球运动员科比·布兰恩（Kobe Bryant），你就知道了。

科比是历史上最成功的运动员之一，目前身价超过 27 亿元。2012 年，他被选中代表美国参加奥运会。一位叫罗伯的训练师在网上交流论坛 Reddit 上写下关于科比训练习惯的故事：

伦敦奥运会之前，我受邀到拉斯维加斯去帮美国队做赛前集训。

训练开始的前一晚，我正在睡梦中，突然手机响了，是科比打来的。我紧张地接起了电话。

"嗨，罗伯，没有打扰你吧？"

"没有。怎么了？"

"没别的事，就是想问问你能帮我做些体能训练吗？"

我看了一下时间，是早晨4点15分。

"没问题。一会儿训练场见。"

我花了大概20分钟带上训练器材离开了酒店。等我到了主训练场的时候，科比早到了，满场只有他一个人。

他汗流浃背，像刚刚游过泳一样。当时还不到早晨5点。

接下来，我们做了75分钟的体能训练。之后又来到健身房做了45分钟的力量训练。

然后，我们就分开了：他回训练场去练投篮，我则回到酒店继续睡觉。

上午11点的时候，我约好了和整个球队一起训练。

我醒来的时候又困又倦，所有睡眠不足的副作用都有了。（科比，拜你所赐呀！）我吃了一点面包，又回到了训练场，所有的队员都到了，科比自己一个人在练投篮。

我走过去，拍了拍他的后背，说："今天早上，你练得很棒。"

"啊？"

"今早的训练，很棒！"

"哦。谢谢你，罗伯。很感激。"

"你是什么时候结束的？"

"结束什么？"

"结束训练啊。你是什么时候结束早上的训练的？"

"哦，就刚才。我想进800个球。就是刚刚做完的。"[22]

你算了没有？科比从早晨4点30分就开始进行体能训练了，一直跑跳冲刺到6点，然后6~7点在举重，接着7~11点间进了800个球。之后，又和美国队的其他队员一起训练。

那时，科比已经是大家公认的全球排名第一的篮球运动员了，但对他来说，这还不够好，他继续着比别人都多的训练。不光训练，他还不断地突破自我的目标。那一天，他并没有把比别人多训练7个小时作为自己的目标，而是专门集中于训练跳跃投篮。因此，他的目标是跳跃进球800个。

这下，你就知道有效练习是如何带来不断进步的了。一定量的有效练习能让你越来越擅长做某件事情，而大量的有效练习能让你成为顶尖人才。

才华究竟是天生的还是后天养成的

在学术圈里，大家已经普遍接受了这一事实：优秀的关键是有效练习。[23] 但是，有效练习的局限性在哪里呢？是不是做任何事情，只要努力就一定能成功呢？或者，是否你无论多么努力，都会被那些有天赋的少年天才所超越呢？这就是优秀之谜：才华究竟是天生的还是后天培养的？

想想那些似乎生来就注定在某一方面天赋异禀，并且也终生从事这一件事情的无比优秀的人：科比、莫扎特、沃伦·巴菲特。我们说他们有天赋，对吗？他们的伟大是上帝或者其他超自然的力量所赋予的。

这个对顶级人才的普遍说法，很方便地解释了我们自己的平庸。毕竟，天赋是很少见的。你要么有天赋，要么没有。既然我们没有，大多数人也没有，那我们就不用再想能够成为伟人了，我们可以踏实地去担心其他的事情了。

但这个解释有个问题：它是错的。[24]最近几十年，关于天赋的科学知识有了巨大的进步。研究者们在各个行业里寻找"与生俱来的天赋"——"一种天生的能够在某件事情上做得比别人好的能力"。研究越来越一致而明确地揭示了，与生俱来的天赋其实是不存在的。[25]

再回到瑞典人类行为研究专家埃里克森博士那里，他把研究世界神童的故事作为爱好。埃里克森博士从未发现过任何一个不需要刻意练习就能拥有优异能力的人。[26]

莫扎特和天才少年之谜

拿奥地利作曲家沃尔夫冈·阿马迪厄斯·莫扎特（Wolfgang Amadeus Mozart）来说吧，他被公认为历史上最具超凡音乐天赋的辨音神童。

埃里克森发现，事实上，莫扎特的音乐训练和他的天赋一样超凡。从 3 岁起，莫扎特就在父亲的指导下开始练习。他的父亲里奥普德·莫扎特（Leopold Mozart）当时是著名的作曲家，也是设计少儿读物和少儿音乐训练项目方面的顶尖专家。他如此专注于小沃尔夫冈的训练，以至于为此搁置了自己的事业。父子二人周游欧洲各地进行演出，学习其他国家的音乐传统。他们探访了意大利歌剧家，在伦敦师从于作曲家约翰·克里斯蒂安·巴赫。

到莫扎特12岁作为作曲家首次登台时，他已经跟着才华极高的父亲进行了9年高强度的练习和培训。父亲也十分积极地帮助他。埃里克森发现，小沃尔夫冈的早期手稿甚至不是自己的字迹，而是父亲帮他"修改"过之后才示人的。莫扎特其实是21岁时才真正开始创作自己的音乐的，但那时他已经经过了18年投入而专业的训练。[27]

而莫扎特在音高辨别力上的传奇能力又怎么解释呢？音高辨别力被定义为在无参考点的情况下识别特定音符的能力，虽然很多人认为这是一种天生的特质，但是科学证明，这其实是一种后天训练出的能力。

完美的音调辨别力在美国被认为是非常罕见的，只有万分之一的美国人有这个能力。但事实上，音调辨别力和社会是否使用声调语言有密切的关系。科学家们对北京和纽约的学生做了一项研究，研究发现，在4~5岁便开始学习音乐的学生中，北京有60%的学生都有音高辨别力，而对比组的美国学生则只有14%有此能力。在那些从8岁开始进行音乐训练的纽约学生中，没有人有音高辨别力。[28]考虑到莫扎特从3岁开始就接受训练，他能有如此完美的音高辨别力也就不足为奇了。

莫扎特并非生来就是天才，而是成了天才。才华也并非天生，而是后天养成的。

你几乎无所不能

那么，商界精英又如何呢？他们当然是生来就有商业天赋的，不是吗？

拿沃伦·巴菲特（Warren Buffett）来说吧，他是全球排名第一的投资人，也是一名异常卓越的天才。尽管他一手打造了世界上最大的企业集团之一，但他的生活却是出了名的俭朴，并且言出必行，将自己99%的财产都捐赠给了慈善事业。他的股份目前股价超过5250亿元人民币。

巴菲特曾经说过，他天生就是来运作资本的。但是，这个说法仔细看来却是不成立的。在巴菲特还是个小男孩的时候，他就对股票投资特别感兴趣，并从自己仰慕的父亲那里学会了如何交易股票——他父亲是一位专业股票经纪人。11岁起，年轻的巴菲特就开始在父亲的办公室工作了。在十几岁到二十几岁之间，他一直在努力学习投资，但却没有成功。他进入了哥伦比亚商学院学习，但即便那时，他也未能得到自己的金融学教授的垂青。巴菲特讲起这个故事时说道，毕业时，他曾主动要求到教授的投资公司免费工作，但是教授"做了一个性价比估算，然后拒绝了他"。[29]

事实上，巴菲特一生99%的财富都是在50岁之后取得的。[30] 那时，他已经在投资行业兢兢业业工作了 40 多年。

即使我们同意拉小提琴和股票投资这样的特殊技能是能够培养起来的，很多人还是相信商业精英有超乎常人的特点，如高智商或者记忆力超群。但是，过去几十年间大量学术文献的研究只能说明，智力与成功之间存在着某种相关性，而研究人员对这种相关性的程度并无统一认识。比起父母的成功对孩子成功的影响，这种相关性的影响是更大还是更小也未可知。[31]

记忆能力也是锻炼出来的。拿象棋来说吧，商业人士常说商场如棋场。象棋似乎需要高智商和极好的记忆力。而研究人员发现，尽管象棋大师在记忆真实棋位上能力过人，但是他们记忆被打乱的棋位（将棋子置于不真实棋位乃至不可能棋位）的能力和普通人不相上下。[32]

至此，我们已经讨论了许多不同的观点。结论是：努力是成为精英的敲门砖，只是这种努力必须伴随针对性练习。像篮球、音乐和股票投资这样的特殊技能都不是天生的，而智商和记忆力这样的一般性技巧也不是天生的。

那么，如果我们想在任何一件事上成为精英，在能力上到底有没有局限呢？

当然有。最明显的局限就是生理或心理方面的暂时性或永久性障碍，这必然会影响人的表现。[33] 除此之外，即使你身体健康，也可能有些生理上的先天局限。练体操的话，个子小比较有利。换作打篮球、跳高等其他力量型运动，则需要高个儿、有力量且眼睛好的人。大多数美国职业棒球大联盟的队员视力都极佳，而世界短跑冠军中则有一大批来自特里洛尼教区的牙买加人。[34]

除了这些生理性的局限，科学家们还没有发现一个身体健康的成年人在成功之路上有任何先天的局限。[35]

相信你自己的潜力

虽然大多数科学家都已经摒弃了才华天赐的观点，但这些观念还在荼毒着社会，常常带来危险的后果。普林斯顿大学认知科学教授萨拉·简·莱斯利（Sarah-Jane Leslie）访问了 30 个领域的近 2000 名学者，询问他们各自领域内的成功有多少归功于"才华"。结果发现，该领域越是看重才华胜过努力的，其进入博士学位项目的女性数量就越少。[36]

例如，分子生物学将努力视为成功的重要组成部分，而分子生物学中获得博士学位的就有 50% 都是女性。相反，物理学认为才华更重要，因此，女性占其博士数量不到 20%。

有一种解释认为，女性的确在这些领域不如男性有才华，但是研究人员在 GRE 成绩上并没有发现这种差别。他们也排除了其他因素。莱斯利教授得出结论，问题存在于文化的思维定式上。女性总体上讲更加不自信一些，倾向于怀疑自己是否拥有魔幻般的聪慧，而这种怀疑导致她们没有勇气去尝试数学或物理这些领域。相反，那些信心满满的天才男生则在进入这些领域时就一腔热忱。[37]

　　对你我来说，我们的很多行动，甚至是梦想，都是由我们潜意识里对自己预设的哪些能做、哪些不能做来决定的，即使这些预设是错的。

　　好消息是，这些观念是可以改变的。事实上，你几乎无所不能。要相信自己的潜力。

How to
get lucky
in life

第 **4** 章

宁要好运气，

不要怀才不遇

世事无非"时运"二字。时时垂钓，处处渔，勿以溪流小，好运撩大鱼。

——奥维德（Ovid），古罗马诗人[38]

那我们都几乎是无所不能的呀。当我意识到这一点后，我的第一反应就是：太棒了！每个人都有无限的潜能！

可是，接下来我想，每个人都能做好任何一件事……但却要付出一万甚至是两三万小时的艰苦努力，并且这些努力还是在自己的舒适区之外进行系统的针对性练习。

这到底是好消息，还是晴天霹雳？

我不知道你，反正我是不愿意在**任何**一件事上花一两万小时甚至更多的时间去进行针对性练习的。我珍惜自己的睡眠时间，每晚都尽量睡足八小时。我喜欢与丈夫大卫约会，也喜欢带女儿探索洛杉矶；我喜欢和朋友喝酒，喜欢坐下来读书，也喜欢和朋友一起跳舞放松。

早晨 4 点起床投进 800 个球，然后再去练习？这可不是我。我可不想花几十年时间在任何事情上进行针对性练习，哪怕这是唯一的成功之路。

变得更优秀究竟会给你带来什么

在做了很多关于如何变得卓越的研究之后，我开始觉得浑身不自在。这些研究似乎和我的真实生活没什么关系。我不仅不想花几十年的时间去刻意练习什么事情，而且我也确实没有这么做过。但是，这似乎也并未对我的事业造成什么负面影响。

事实上，我能想到的真正花了几十年时间去努力进行针对性练习的人屈指可数。我妈妈家的表兄妹——应氏弦乐四重奏乐团正好是一个例子。他们每天花数小时练习音乐，几十年来坚持不懈，因此成了世界级的音乐家，将一项格莱美奖收入囊中。

但是，我在从政和做猎头过程中所见的其他数以千计极为成功的人士，几乎没有人是因投入了几万个小时的针对性训练而成就卓越的。即使有，也是凤毛麟角。

这是个谜团。科学研究得出的结论是，要想成为世界级大师，必须也只能是通过数十年如一日的针对性练习。而我认识的数千位世界级成功人士似乎都跳过了这数十年的针对性练习，更快也更容易地达到了他们的目标。

那么，针对性练习和成功之间到底是什么关系呢？为什么这么多人在没有投入时间进行针对性练习的情况下，就能实现自己那些无法企及的梦想，成为世界级的精英呢？

如果你和我一样，虽然愿意努力工作，但也希望能找到可能的捷径的话，那么这些问题就尤其重要了。

最终，我意识到：

只有在满足以下两个条件的领域里，数十年的针对性练习才能取得举世瞩目的成就：

（1）这一领域的基本规则几乎不发生改变，或者改变速度非常慢；并且——

（2）这一领域的成功是基于个人表现的。

拿专业篮球来说吧。规则几乎永远是不变的。三分线内投球得两分，如果是罚球则是一分。过去这么算，以后一直也会这么算。NBA篮球非常看重个人成绩，看重科比这样的超级明星。

但在我们当今的世界里，几乎没有哪个职业能满足以上这两个条件。在经济领域的几乎所有分支，规则都是不断在变化的。在当今这个紧密相连的世界里，几乎没有任何成功是仅靠一个人就能取得的。

如前文所说，有两条路径通往成功：一个是投入大量的时间和精力做针对性练习，然后成为一个专家；另一个则是撩运。不要把二者弄混了。事实上，过于执着哪条路径都会阻挡你的好运，因为你不会留意那些意外的机会。

明白这一点很重要，因为在近几年，有太多的舆论声音在劝告人们要投入一万小时的练习，将其奉为成功的诀窍。

事实上，在几乎所有领域，个人技能的一流表现对你的成功都变得不再那么重要了。我们已经从顶尖表演家必须苦练几十年的古典音乐世界过渡到了嘻哈流行音乐的世界，在这里，年轻而初出茅庐的音乐家通过创新和好运，就能够引领世界。[39]

我是如何被任命为副市长的

就是在这个嘻哈流行音乐占据主流的世界里，一位年轻的美籍华裔政坛新人突然被任命为洛杉矶市副市长。这就是好运第一次突然降临在我身上。作为一个过来人，我将与你分享我的故事，告诉你在我们的新时代，好运气是如何产生的。

你已经知道，在我二十几岁的时候，我为了房地产行业废寝忘食。但是，因为我单身，不需要照顾老公和孩子，我还是有时间做我最喜欢的事的，那就是努力了解他人内心的渴望。

洛杉矶对我内心的追梦人来说是一片沃土。对于所有格格不入的人、有梦想的人和想要逃离世俗的人来说，它就是圣地麦加。而我，就是那个格格不入、有梦想又想逃离世俗的人。在洛杉矶，每个人都来自别处。这里的每个人各自都有自己逃离的故事，每个人来这里都是为了改写自己的人生故事。难怪洛杉矶会成为世界的创意之都，并会聚了世界上一些特别有魅力的人。

与你在电影中所见的不同，洛杉矶并不是只有比基尼美女和碧海蓝天。从到这里的那一刻起，我就对洛杉矶的经济阶层分化感到十分震惊。大家都知道谁是有钱人：电影明星、好莱坞高管、专业运动员和说唱音乐家。但是，洛杉矶也是个极为贫困的地方，在美国的所有城市里，洛杉矶的流浪人口是最多的。五万人口流离失所，其中百分之四十是妇女和儿童，极易成为性骚扰和暴力的受害人。[40] 这些无家可归者住在帐篷里、纸箱里、车上，或者直接露宿街头。穷人和富人的住所往往只隔几条街区。

研究生时所学的城市规划让我有机会深入研究这些问题。对此了解得越多，我就越想帮助别人。我想，如果人们有安全的地方居住，就能专注于更重要的事情：建立或者重建自己的生活。

那时，洛杉矶正在拆毁和重建一批 20 世纪 50 年代建设的政府廉租房。我认识了一些当时在做这个项目的政府官员，开始用空余时间帮他们做志愿者。

一段时间之后，这些政府官员任命我做房屋委员会的志愿委员——委员会有七名委员，负责监督洛杉矶所有的公共住房项目。我每周在这个工作上花五到十个小时。虽然这不是我的全职工作，但却是我的激情所在。

之后，在 2001 年，洛杉矶选举了新的市长。新市长毕生都在市政府工作，他父亲是著名的郡政府领导。他的内部圈子里都是当地政府的人，所带来的团队也是如此。有些顾问因此建议，为了帮助他开展经济工作，他应该任命一位商界人士。

市长和我素未谋面，但我们的圈子里有些共同的朋友，其中包括一位叫胡泽群（Charlie Woo）的美籍华裔商人。胡泽群还是孩子的时候，就因为患小儿麻痹症失去了双腿行动的能力，但他从未气馁，成立并管理着美国一家顶尖的玩具制造进口公司。

胡泽群没有像其他在美的华人那样安静地生活，20 世纪 70 年代时，他开始站出来改善自己的社区。过去 40 年里，他一直是洛杉矶最慷慨的商业领导者之一。作为对他才华的肯定，他被选举为大洛杉矶区商会的第一个，也是迄今为止唯一一个华裔董事长，该商会是本地区最具影响力的商业组织。

即便胡泽群进入了权力的最高层，他也依然没有忘本。他建立并主持了亚美政联（Center for Asian Americans United for Self Empowerment，简称 CAAUSE），一个注册亚洲选民，推选未来亚裔政治领袖的全国性非营利性组织。他让华裔和亚裔在美国政界的影响力得到了提高，这一点是任何人都比不上的。在商界和政界，胡泽群都一直是我和许多人的楷模。

我的好运就是这样突然降临的：当市长需要找人领导他的经济发展规划并向胡泽群寻求建议时，胡泽群提到了我的名字。市长的团队联系我的时候，我震惊了。我甚至和胡泽群并不是很熟悉。他在权力的最顶层，而我，一个房屋委员会的委员，则只能算是个中层，但他却选择信任我。

那一年，我只有 31 岁。按道理讲，洛杉矶可能有数以千计的人都比我更有资历。

但是对有些人来说，我的背景的确很适合这份工作。作为一个知名房地产公司的开发商，我对商界了如指掌。此外，那时，我已经作为出色的房屋委员会委员为市政府工作了很多年。与其他商人不同的是，我还是一个政治专家，在 UCLA 获得了城市规划学位后，又在洛杉矶市得以实践我的所学。在我获得城市规划专业的硕士学位时，我的论文导师曾预测说，我将成为加利福尼亚州未来的州长。

市长在面试了几位候选人之后，最终选择了我。

星巴克的扩张始于好运

霍华德·舒尔茨（Howard Schultz），星巴克的董事长和 CEO，在纽约海湾住宅区长大。那里是一片廉租房，与我曾经在洛杉矶帮助建设的那些廉租房很相似。他的母亲是全职家庭主妇，父亲是卡车司机。

年轻的霍华德体育十分优秀，获得了北密歇根大学的足球奖学金，但是在第一周足球训练上，他便因下颌骨骨折而结束了自己的职业生涯。从北密歇根大学毕业后，他做了一名销售员，先是为施乐影音集团工作，后又为一家瑞士咖啡机生产商工作。后来，他加入了自己的客户星巴克。当时，星巴克还只销售咖啡冲泡设备，并不卖杯装咖啡。

1983 年，霍华德来到意大利米兰参加一次国际家电展览。在抵达米兰后的第一个早晨，他决定不坐出租车，而是步行去开会。在一条小巷里，他遇到了一家意式咖啡馆。他很好奇，便走了进去。吧台后面的一个人笑着迎接了他，后来他才知道这个人是咖啡师。另一位咖啡师在和顾客交谈着，熟悉地唤着顾客的名字。霍华德离开了，但是走出没几步，又遇到了另一家意式咖啡馆，只是这一家比上一家的顾客还要多。

霍华德意识到，尽管他的老板是咖啡专家，但他们错过了最大的商机：**喝咖啡是朋友间可以相互分享的体验之旅**。"那是个顿悟的时刻，"他说，"如此迅速和真实，以至于我的身体都在发抖。"他意识到，整个美国只有自己知道了这一点。[41]那个星期，霍华德走遍了整个米兰城，探访咖啡馆。有的咖啡馆里有人在表演歌剧音乐，有的则更偏向工薪阶层。这些咖啡馆形态、大小各异。霍华德后来回忆道，这些咖啡馆遍布大街小巷，都是座无虚席。

霍华德急匆匆地回到了美国，试图说服自己的老板改变业务模式，改做咖啡馆。老板拒绝了。他们喜欢销售咖啡冲泡工具，因为按照他们的说法，他们不想变成开饭店的。霍华德很沮丧，在1985年离开了星巴克，自己开了一家意大利咖啡馆，请来了咖啡师和歌剧音乐表演者。他不断发展自己的咖啡馆，到1987年时，他带着投资商归来，买下了星巴克。

在霍华德手中，星巴克成了连锁咖啡店，为客户提供在工作和家庭间的第三个栖身之所。霍华德改变了自己的命运，创造了一种世界性的体验，也就是今日的星巴克。

在幸运时刻遇见意外之喜

初看来，这两个故事可能十分不同。我被任命为副市长是缘自我个人幸运的人脉，霍华德决定开创咖啡馆则缘自米兰一个灵光乍现的时刻。而这两个故事的关系在于，命运有时可以悬于一个转瞬即逝的幸运时刻。世界上有这么多力量，而这些力量又盘根错节地相互作用着，机会在我们所有人的生活中悠闲徘徊，却又突然离场。我们的任何举动都有可能开启一系列新的想法、可能和关系。

每天，我们都会面临应接不暇的新信息、会议和灵感。很多内容不会改变我们生活的轨迹，因为它们要么进一步确认我们已知的事情，要么被我们忽略。

但偶尔会有一些突发事件促使我们选择一条新的道路。

在很偶然的情况下，这件事会成为一个突然降临的幸运之事，或者在此书中，我们将这一时刻称为"机会从天而降的幸运时刻"：一次与机遇的相会、一个灵光乍现的时刻、一段突如其来的好运气。抓住它，就会得到一个支点，我们就可以开启一条适合自己的职业道路。

在这个赢者通吃的世界，机会从天而降的幸运时刻对未来的成功是最重要的。这些幸运的时刻是无法提前预测的，因为我们的猜测都是基于过去的经验。我们曾以为能够决定我们命运的时刻最后也许会让人失望，而在我们毫无期待时遇到的事情却可能给我们带来惊喜。就像约会一样，在你最不经意时，反而可能遇见一个人或者是萌发出一个会改变你生活的想法。有时候，你所遇到的这个灵光乍现的时刻是一批已经在你脑海中潜意识里存在了很久的灵感，它们一直在等待一个时机变得明朗，只是你自己不知道。

这些机会从天而降的幸运时刻有些共同的特点：

（1）机会从天而降的幸运时刻和其他人密切相关。机会从天而降的幸运时刻都是别人带给我们的，不论是某个偶然的人脉还是他人的行动给你的灵感。

（2）机会从天而降的幸运时刻出现在不同领域的跨界处。霍华德的幸运时刻出现在美国和意大利咖啡文化的跨界。我的前两次幸运时刻出现在商业和政府的跨界，第三次出现在美国与中国的跨界。另一个跨界的例子是"互联网＋"行业，也就是互联网与所有传统行业的结合。

（3）机会从天而降的幸运时刻都会让人情绪激动。还记得霍华德是如何描述他关于意大利咖啡文化的那个灵光乍现的时刻吗？"如此迅速和真切，以至于我的身体都在发抖。"幸运时刻就是这样的。它会让你非常激动，会让你有种奇异的充满魔力和通灵的感觉。这份感觉很重要，因为这感觉会督促着你去抓住机遇。

在好运来临时，要保持警醒、保持开阔的思维。因为当机会从天而降的幸运时刻光顾的时候，你必须马上行动。在好运消失之前，抓住机遇，把它变成适合自己的新生活的支点，释放自己的潜能。

How to get lucky in life

第 5 章

理解他人，
与他人沟通

人类伟大的天赋在于我们拥有同理心，我们都能感知到与彼此之间一种神秘的联系。

——梅丽尔·斯特里普（Meryl Streep），演员 [42]

因为我们需要别人帮助我们撩到好运气，所以，我们必须培养自己的同理心，也就是理解他人、与他人沟通的能力。一个有同理心的人能够理解别人不同的视角、动机和价值观，因此，也能够更好地回应别人，与其形成深厚而有意义的关系。

只要仔细关注一下我们周围的人，在生命中每个阶段，我们都能够很容易地培养同理心。

而学校教给我们的与同理心相反。学校量化我们的考试分数，并以此量化我们，将我们从前到后排列，借此教会我们学习和竞争。但是，一旦我们离开了象牙塔，世界就颠倒了。现在，谁曾经是班上最聪明的孩子都不再重要了。现在，重要的是我们能如何有效地与他人合作，创造出比我们自身更伟大的事情。很多在常青藤盟校非常优秀的学生就是因为不明白这一点，才在后来的事业中受挫的。

富有同理心的人擅于建立稳固的长期人际关系。他们容易被人理解，别人也喜欢他们，不管是与之相处，还是与之共事。如此，同理心如何促使好运就显而易见了。

我是如何学习同理心的

我生长于 20 世纪 70 年代的美国，当时，中国在世界的眼中是一个辽阔而贫穷、陌生而落后的地方。我的父母在研究生期间相识并结婚，之后搬到了华盛顿外的马里兰州，并在那儿生下了我和弟弟。他们节衣缩食，就是为了我们而在好的学区买房子。那时是 20 世纪 70 年代，这意味着我们就读的学校几乎都是白人，几乎没有我们这样的少数族裔。

我们家里没电视，所以尽管身在美国，我们所生活的世界也与主流社会相去甚远。上学的第一天，我一句英语都不会说。这让老师们很困惑，因为老师都是白人，自然不会讲汉语。他们以为我迟钝，所以就把我放在了"特殊需求班"里，和唐氏综合征的孩子在一起。

后来，我的英语有所提高，就被调回了大班里，但是依然对美国文化一无所知。当其他孩子聊起在电视上看到的内容，甚至在开一些有关的玩笑时，我只能呆若木鸡地站在那里。我穿着从打折市场买来的衣服，留着老土的发型，还戴着和可乐瓶一样厚的眼镜，这一切都让我的日子越发难过。我成了那个奇怪的中国小姑娘，当别人午餐带花生酱和果冻的时候，我却带了葱油饼。其他的孩子看见了都会冲着我嚷嚷："滚回中国去！"

我们家没电视这件事和父母的文化保守主义有关，他们最大的担忧就是我和弟弟会被他们认为是不道德的美国社会带坏了。父母不许我们听流行音乐，说这样的音乐是靡靡之音，会让我们的身体做出肮脏、下流的动作。我们也不能去小伙伴家玩耍，因为父母怕他们的家长会给我们看好莱坞电影。我父母说："我们生活在社会里，却不是社会的一部分。"他们的目的就是让我们成为道德高尚的人。

你大概能猜到这些事情对我的影响。我不想身处这个善恶对峙的形而上的世界并成为其中的一员。我只是想合群，我只是想做个正常人。我想逃离那孤独到让我无法呼吸的生活。每天，我都望眼欲穿地看着玻璃窗外的美国社会，恨不得能抓住那些不属于我的东西。每天，我上学时都只有一个梦想：求求你，求求你喜欢我吧！

日常交流对我来说十分困难，因为我的英语很差，汉语也差。在家的时候，我们说汉语，但对话的内容都是关于省钱的：我们谈论着当地的加油站、当天的汽油建议零售价，还有菜市场西蓝花的价格。我们从来不谈感情、不谈梦想、不讲故事、不讲关系，也不讲任何心事。

我是个没有母语的孩子。不论是用英语还是汉语，我都没有任何渠道能表达自己，连自言自语的能力都没有。

每天晚上，我上床的时候都有一个梦想：第二天早晨，我醒来的时候，会发现我过去的生活是个巨大的错误。我会变得金发碧眼、肤色白皙，有很多漂亮衣服穿。我去上学，其他的孩子都会觉得我漂亮。接着，他们会喜欢我。可是每天，当我真的醒来的时候，我都会觉得下巴疼。这些压抑已久的情感让我夜夜磨牙，偶尔甚至会突发癫痫。医生说，这些都与压力有关。

作为少数族裔，在一个不尊重自己的主流文化里长大，最痛苦的部分就是你会开始痛恨自己身上不合群的部分。我就是这样。因为对自己的中国文化没有任何价值感，所以，我奋不顾身地投入到将自己转变成真正的美国人的过程中。我认真地观察，仔细地模仿其他孩子说话和笑的样子，特别是他们开玩笑的方式。我经历了无数个尴尬的时刻，站在那里呆若木鸡。晚上，我想起自己白天说过的蠢话和那些过几个小时之后才想到的机智评论，满是懊悔。

　　我不想夸大我童年的艰辛。我的父母夜以继日地工作，以便给我们提供和其他孩子比起来绝佳的优势。我们住在一个重点学校的学区，我们总是不愁吃穿。他们给了我们一个没有战争、欺凌和毒品的安稳的家，这里也没有诸多困扰着世界上许多其他孩子的问题。他们从不在自己身上花钱。他们唯一的经济目标就是省出足够的钱，让我跟弟弟上大学。他们这么做，是因为深爱着我们。

　　最终，我父母的努力有了收获。今天，我和弟弟都很开心，也成了对社会有用的人。

　　至于我极端封闭的成长环境，就像寓言中塞翁失马一样，祸兮福之所倚，福兮祸之所伏。正是因为这样的成长环境，我才有了那种后天的动力去克服与周围人之间沟通的障碍。正是因为我成长在这样的平行宇宙中，我才如此努力地去联结这些世界。

　　我对美国人心理的研究不仅限于研究周围的孩子。20世纪70年代，虽然还没有互联网，但是有书，我如饥似渴地想了解有关家庭以外的世界的一切。每个星期，我们家都会去一趟公共图书馆。每个星期，我都会借走图书馆允许借的数量最多的书。在作者的文字中，我梦想着遥远的土地。

　　因此，从儿时起，我就开始投入很多时间学习如何与他人沟通、如何将不同角度的观点结合在一起。随着我英语水平的提高，对美国文化的了解加深，那些痛苦的时刻渐渐少了，而愉快和沟通的时刻则渐渐多了。被孤立是一种痛苦的感觉，但是这段经历促使我培养出了同理心。

语气就是一切

我学过的关于同理心最好的一课是在我做猎头的时候："语气就是一切。"每次我们为客户的公司选择 CEO 的时候，我们都要向数十位我们之前面试过但没有录用的候选人通知被拒的坏消息。这是件很敏感的事情，因为我们拒绝的每个人（通常都是男性）都是 CEO 或者可能成为 CEO，这就意味着他可能是我们未来的客户，是我们不想得罪的候选人。多数情况下，他都会有很强的自尊心，不习惯被拒绝的滋味。

我们的目标是，每次我们传达这个坏消息时，都要让对方对我们的公司和我们客户的公司有个比此前更好的印象。

我们的做法是指出对方与最终胜出的候选人之间的客观差别，并说明这一点是董事会最终做出选择的决定性因素。这给对方落选提供了一个能挽回面子的借口。接着，我们将他的注意力重新转移到未来的机会上。我们的拒电可能是这样的：

约翰您好！我是陈愉。我打电话是通知您，ABC 公司董事会刚刚录取了张某作为下一任 CEO。董事会最终决定，因为海外扩张是公司策略的主要焦点，所以，张某的欧洲经历成了 ABC 公司雇用她的决定性因素。但是，董事会对您的印象非常深刻，我和我同事也是如此。我们非常高兴能有这个机会了解您，如果下次我们有合适的机会还会联系您，您看可以吗？

对大多数候选人来说，猎头的过程都会让人经历很大的感情波动。不管候选人自尊心多强，大多数人内心还是隐藏着一些不安全感，而猎头的过程经常会激发这种不安全感。因为我们作为猎头，通常是决定着生杀大权的，所以，候选人对我们都察言观色，总是在尝试探寻自己成功的可能性有多大。如果我的秘书因为五分钟之前跟她男朋友分手了而对某个候选人态度唐突，那么，候选人离开时很可能会觉得自己表现不佳。因此，我们在对团队中所有会与客户或候选人有接触的成员进行训练时，都会贯彻如何实施"语气就是一切"的原则。

"语气就是一切"，这是我们都能借鉴的经验。人们后来不记得你说了什么，但是他们会永远记得你留给他们的感觉。不论你给别人的信息是什么，都要充满关心和尊敬地去传达。

语气就是一切，语气得当能维护对方对你的好感，也适用于婉拒应聘者。不过，同理心的作用不仅仅在于赢得他人的好感。

对每个人都全神贯注

同理心的根本是倾听的艺术，而倾听的确是一门艺术。

你可能会觉得：listening（倾听）？这不就是个生理功能吗？！其实不然。Hearing（听）是个生理功能，是你耳朵的任务。Listening 是一个由大脑完成的心理功能，它的影响很强大。

有些人从来不听别人说话。你们都知道这种人。当别人说话的时候，他们就等着轮到自己说。这种人处处都不讨喜。

很多人认为，锻炼同理心意味着在别人说话的时候，我们应该保持安静，礼貌地点头表示赞同，并且时不时加上一句："我确定我听明白了，你说的意思是……"然后重复一遍他们的话。

上例为"语气就是一切"提供了良好的范例，但同理心远不止倾听别人那么简单，同理心还在于与人交往之诚心。

美国伟大的前总统比尔·克林顿是一个出色的男人，也是传奇式的沟通者，非常擅长赢得朋友、影响他人。你知道人们谈到他最先说的是什么吗？当你和他在一起的时候，你会觉得他真的理解你。他给你百分之百的注意力。"我的一生中，一直都对他人的故事感兴趣，"他在自传中写道，"我想了解他们、理解他们、感受他们。"[43]

作为作家，我常常做演讲，演讲之后大都会有观众问答环节。难免有人会站起来对着麦克风问一个超级长而又非常私人的问题，弄得大家都翻白眼、打哈欠、看手机。我则在台上坐着，脑子里思考着我在问答结束后还有多少没做的事情。

因此，我十分赞赏励志演说家 Osama El-Kadi（奥萨马·埃尔卡迪）说的这段有关克林顿的很简单的话。当时，克林顿刚刚在一个会议上做完一段电视讲话：

讲话结束后，克林顿总统开始接受提问。在提问者中，有一位女士讲着一口蹩脚的英语。当天早些时候，她拿起麦克风提问时，长篇大论地讲了好几分钟，没人听明白她想问的或者说的是什么，大家都哄堂大笑。

当克林顿提问时间开始后，她再次举起手来问问题。主持人示意她要控制时间，言简意赅。这位女士接过麦克风，又开始碎碎念。这次，似乎还是没人能听懂她说的是什么。人们开始笑、起哄、鼓倒掌让她别说了。几分钟后，主持人切断了她的麦克风，把提问时间交给了其他人。

人们热烈赞成主持人的做法，毕竟没人愿意当着总统的面出丑。

我们大家都在笑，不赞同这位女士的做法，但是只有一个人没有笑，那就是克林顿总统。事实上，镜头中的他向前探着身子，把手放在耳旁，聚精会神地听着她讲话。

30分钟后，总统回答完了其他观众的问题。当提问时间结束时，他很有礼貌地说：

"在结束之前……早些时候，有位女士问了我一个很长的问题。这个问题事实上很重要，我想花几分钟谈谈这个问题。"

大厅顿时安静了。克林顿总统接着说："事实上，这位女士提到了很重要的一点。"他接着总结了一下她讲话的要点，是关于发展中国家家庭的问题（所有观众都不知道）。

克林顿总统主动请求回答这个问题，而这个问题还是他从这位女士被观众打断之前含混不清的言语中自己拼凑出来的。

现在，我从这位领导大师身上理解了一些很重要的事情。他通过倾听的艺术想教给我们的是，当我们评判任何人或者任何事的时候，我们就不再倾听别人说话了。似乎这种评判行为会激发我们耳中的一些化学物质，让我们从生理上无法再听进别人的话。

预先评判似乎是地球上所有罪恶之母。要解决世界上的问题，似乎除了捡回这门被遗忘的倾听的艺术，不再在别人开口之前就妄断他人外，别无他法。这就是我那天学到的，我希望自己永远不会忘掉。[44]

在一个我们都在忙于同时进行多项任务、被电子产品分神的时代，克林顿总统用我们都不具备的一点建立了自己的事业：足够关心别人，真诚地看着他们，真正地倾听。当你真的注意别人的时候，人们能够真切地感受到，并且热爱这种关注。

但是，这里还有更深刻的一课：克林顿总统是一位卓越的领导者，不仅是因为他对每个人都很尊重，而且他这么做是因为他足够谦虚，能够认识到每个人身上都有值得他学习的地方。

通过给我们生活中的每个人百分之百的注意力，我们可以创造更深厚的联系。这意味着在别人讲话的时候主动观察别人，解读他们的肢体语言，感受他们话语背后的信息。

每个人都有自己的长处，每个人都有值得别人学习的地方。

就算不是朋友，也要学会友好相处

如何在办公室建立恰当的人际关系是个很容易让人困惑的问题。在《30岁前别结婚》一书中，我加入了"职场捷径是跟老板上床？"这一章。简言之，答案是不应该。你和你老板以及所有同事的关系都应该是专业而友好的。

请注意"友好"（friendly）和"友谊"（friends）之间的差别。通常来讲，办公室的关系都应是"友好"一类的。你唯一应该真正与之做朋友的人是那些即使不和你一起工作，你也会与之交好的人。友好关系对办公室来说非常合适，因为他们不需要也不会假设真正的友谊的内容。友好的关系会帮助你进行团队合作，完成你的工作。

把与每个人的关系都保持在"友好"一类，会帮助你建立恰当的感情界限，将个人感情与工作分隔开。比如，如果有人对你很无礼，你就能忽略这种无礼，除非这会影响到公司的利益。而如果是这种情况，你就应该通过恰当的途径来解决这个问题。不要卷进办公室的"狗血剧"里，也不要卷进其他人的个人"狗血剧"里。

和办公室里真正的朋友也要保持友好的状态。不要在该工作的时候泡在朋友的桌边，也不要整日和他们发微信。通过对日常交际的去个人化，你可以让自己真正投入该做的事情中，那就是工作。

利用每一个场景练习你的同理心技能。即使你的工作无聊透顶，办公室也是个观察人的好地方。分析你的部门，抛开工作的头衔，谁是最有影响力的人？仔细观察他。开会的时候，他会发几次言、会说什么、怎么说的？接着找出那个最不讨喜的人，思考他可以做出哪些改变。你会发现每个人、每次互动都有你能够学习的地方。

你是不是有个躲不开的混账老板？很好！首先，学习设定感情界限，认识到他的行为反映的是他自身的问题，而不是你的。不要让他的人格缺陷毁掉你的一天——可怜可怜他的妻子吧！利用这个机会学习如何与混账有效地合作。这是很好的一课，因为林子大了，什么鸟都会有。

学会与每个人都保持友好的关系，与每个人都成功地合作。

用善意给同理心注入力量

在这个竞争空前激烈的世界，光是成为一个优秀的人才还不够。好运来自那些喜欢你并且愿意和你合作的人，因此，为了撩到好运气，你不仅要优秀，还要给与你共事的人带来快乐。这一点，通过对所有人都友善就能做到。

友善所传递的信息这一概念是一位不同寻常的中、美、新三国混血工程师陈一鸣提出的。陈一鸣是谷歌早期的员工，后来成为谷歌的个人精神发展专家，之后离开谷歌专门致力于传播自己的观点。陈一鸣将同理心、友善和快乐如此联系在一起："快乐的秘密在于发出善念。"如果你练习发出善念，你会形成创造善的习惯，就会成为一个友善而快乐的人。[45]

他建议，当你看到某个人的时候，你萌生的第一个念头应该是："我希望这个人能够快乐。"人们会不知不觉地感受到这一点。

他解释说："如果你需要说服别人来帮助你，那么你就已经输了一半。如果你能在成全自己的同时成全别人，这就容易了很多。如果你总能这样表述事情，那么别人就更可能愿意帮你。"

我们对自己生活中的人都是有所求的。对老板，可能是："给我升职吧！"对父亲："给我买车吧！"别人也同样有求于你。这就是我们这个"弱肉强食"的世界。

但是，记得清华创新专家史蒂芬·怀特曾说过的话："创新是建立在以信任为基础的合作之上的。"[46]

如果你我都身体力行地开始建设一个高信任度的社会，会怎么样呢？当我们遇见一个人的时候，不要首先想到"这个人能怎么帮我"，而是要想"我能怎么帮到这个人呢"。顺便加一句，聪明的人总是能一眼看穿谁在糊弄他。因此，当我们决心以善待人的时候，一定要发自内心。

让我们试试看会发生什么。这很可能会让别人很震惊、充满惊喜，也会让他们下次有机会的时候想到我们。

行　动：

· 记住，语气就是一切。人们后来不记得你说过什么，但却永远记得你带给他们的感觉。

· 在接下来的 48 小时里，像克林顿总统一样与他人沟通。对遇见的每一个人都给予百分之百的注意力，直视对方的眼睛，认真听对方话语之中传递的信息，观察对方的肢体语言。并且，因为大多数人都是心口不一的，要思考对方的言外之意：他说这些话是为什么？用意何在？

· 你能在接下来的一周都保持这种沟通吗？能永远这么做吗？

· 练习对办公室的每个人都友好相待，友谊并非友好的前提。

· 要多观察人。从每次互动、每个场景学习。如果你有个混账老板，忽略他的丑恶，学会如何与他共事。

· 当你遇见一个人的时候，不要首先想到"这个人能怎么帮我"，而是要想"我能怎么帮到这个人呢"。

· 学会微笑，笑容是会传染的。绽放你的笑脸。

How to get lucky in life

第 **6** 章

与自己

沟通

要客观看待自己。像检查仪器一样审视自己。必须与自我坦诚相待。面对自我缺陷，不必遮遮掩掩，应该发展别处的特长。

——奥黛丽·赫本（Audrey Hepburn），演员[47]

要与他人沟通，首先要与自己沟通。"自我意识"是认识自我的能力。换言之，是深刻认识自我需求、情绪、行为，以及这些因素如何影响着你和你的世界的能力。这是一项至关重要的技能。毕竟，人们就是因为不了解自己，才会嫁错郎、入错行。

有了自我意识，你会更加理解哪些职业是适合自己的。因此，自我意识不仅会助你撩到好运气，还会让你认识到应该抓住哪些意外降临的好运，遇见意外之喜。

想象自己是一只气泡中的青蛙

我大女儿5岁的时候，有一天放学回家，告诉我学校开始上正念冥想的课。这让我很好奇，我一直以为练习正念冥想的人都是练瑜伽、吃素的成年人。

我女儿告诉我，老师让孩子们假想有人一直和自己过不去，作为回应，他们则要假想自己是端坐莲叶上头的青蛙。女儿向我示范了下，孩子们当时全体立正，然后蹲下，双膝分开，手掌放在双脚间的地面，像青蛙一样。

接着，老师教孩子们画了个隐形的气泡罩住自己：张开双臂高过头顶，然后分开双臂，越大越好，一路张开到"莲叶"为止。他们要想象这个气泡坚不可摧，外界攻击自己的言语和行为只会反弹回去。只有孩子们自己可以戳破这个气泡，也只有当**他们自己**选择戳破的时候才行。同时，在气泡里的他们要深呼吸，保持微笑，安静平和地无视或静观过分的人和这个世界。

最后，当他们决定重返现实世界时，他们会举起双臂摆出英文大写字母 Y，然后从"莲叶"上猛地跳起来，打破这个气泡，重返现实世界。

每次回想起这门课时，我都十分感慨。如果我们在孩童时期就学会修筑合理的心理屏障，与他人保持一定距离，我们能避开生命中多少伤痛呢？

说得更宽泛些，如果我们能学会不再做出情绪上的反应，而是认真思考并选择对某个情景做出回应，那我们的生活会改善多少呢？

我们越是了解自己，就越是能够控制自己的想法、感受和行为。这是自信的关键所在。随着我们的自我意识越来越强烈，我们会更能接受我们是谁，然后发自内心地产生平衡感与安全感。自我意识是创造理想生活的第一步，因为我们的想法与感受塑造了我们的世界观。我们越是了解这些想法与感受，对自己生活的掌控力就越大。

关掉自贬之音，成为自己的挚友

我探索自我意识的重要一步是意识到我最大的敌人是自己。我二三十岁的时候，内心总有一个小小的声音在批判着自己的每一个错误。它周而复始，日日夜夜萦绕在耳旁。

记得有一次，我要向公司副董事做重要汇报。副董事位高权重，不怒自威，以碾压所有他看不上的人闻名。我花了好几周时间反复演练汇报，记住每一个词、每一个停顿、每一个手势。我想做到完美。

而当那天终于到来时，我紧张得双手直发颤。我硬逼着自己完成了汇报。汇报结束时，我松了一大口气。但是后来，副董事徐徐走来，当着同事们的面问了我一个问题。

我当场呆住了。那个问题我事先没有准备，大脑一片空白，就不假思索地脱口而出做了回答。我回答的时候，就已经知道自己全答错了。副董事也知道。他不屑地上下打量了我一番，然后一言不发，四下看了看便扬长而去。

随后的几周，我都夜不能寐。我夜夜不断地责备着自己："我真蠢！为什么我那么傻啊？！啊啊啊啊啊！！"而后好几个月，每每想起这件窘事，我都羞赧不已。

直到副董事都忘了这回事，甚至可能直到他都忘了我的名字，我内心那小小的自贬之音还是在不断地提醒着我，我是如何在副董事面前出了洋相。

终于，我意识到这种自我批评已经阻碍我享受生活了，甚至已经妨碍到我的生存了。要是哪个闺密的男友这么对她，成天挑她刺、伤她自尊，我肯定马上要她和男友分手。可我却正是这样对待自己的。我意识到自己需要改变，我需要与自己成为挚友。

我开始想象我是站在自己肩上的一只小鸟，聆听着那小小的自贬之音。犯错时，我试图去接受，从中学习，然后忘掉它。当小小的自贬之音再次响起并苛责我时，我有意识地关掉它。事情处理得好时，我再给自己小小的鼓励。毕竟，朋友之间就是如此相待的。我用了数年时间，才把那小小的声音从自己最大的敌人转变成最好的朋友。

说话、做事前，先感受，先思考

多年的经验告诉我，把自己假想成站在肩上的小鸟不仅利于倾听自我的对话，更有利于观察自己的一切想法与感受。我们越是能理解自己的想法与感受，就越是能掌控自己的生活。

记住这点的诀窍是：**说话、做事前，先感受，先思考**。换句话说，不要只是感受情境，也不要只是思考情境，而要花时间兼而为之。一位高管曾和我分享他的管理经验："感受不错时，别说出来。"千万别有情绪反应，学会从情绪化反应转变到回应。

多年来，我学会了一个很有用的方法：只要遇到情绪化或压力巨大的情况时，就摁下想象中的暂停键。做出反应前，我尝试做到以下几点：

（1）关注自我，辨明自己感受如何及个中缘由；
（2）不做出反应，直到有机会厘清事态。

我难以用语言描述这个暂停键多年来发挥了怎样的作用。很多情况下，我都以简单的一句"我需要点时间思考，我可以明天回复你吗"避开了糟糕的局面。大多数时候，对方大多会因为我对谈话足够认真，还需要时间来思考而感到由衷的高兴。而我也总托此暂停键的福，受益匪浅。反过来，每当忘了摁暂停键，我就变得咄咄逼人、大为光火、口不择言，事后又羞赧不已。

从反应到回应的转换需要时间，也需要练习，但这一转变对我们自己以及生活中的人们都大有裨益。自我意识是关于我们是谁和我们言行举止的深度感知，也是为自我言行负责的承诺。有了自我意识，我们就能获得更大的成就，能赢得他人的尊重，还能在机遇叩门之际抓住它。

主动寻求反馈

有时，办公室的同事就像你肩上的那只小鸟，不需你开口，就会给你反馈。

我回想起当初备受混账老板折磨的那段日子。老板和我年龄相仿，缺乏安全感。她靓丽骨感，诱惑并讨好着所有男同事和男上司，欺负手下所有的员工，尤其是她手下的女员工。而我就在她的"魔爪"中。

一天，公司里一位级别更高、与我私交甚好的女高管把我拉到一边，劝诫我不要再在混账上司背后说她的坏话了。我抗议道："但她就是个十足的噩梦啊！"这位高层却说："没关系。"她告诫我，在其他同事面前谈论上司让我显得很不专业，也令上司对我的折磨变本加厉。

女高管的反馈让我很难接受。我犹豫了好几天，最终还是接受了。这也是我在那种情况下做出的第一个好的举动。女高管给我的意见是善意的。事实上，和同事抱怨混账上司尽管解气，却也阻碍了我做自己的本职工作。工作就是工作，我的工作内容就包括要设法与上司融洽地相处，也就意味着不能在人后揭她的短。

建议就是这样，它是一份礼物，**尽管有时候**可能没那么中听。在你和一群男人共事时更是如此，因为男人大多不会给女人反馈。他们就怕女人哭。麦肯锡的研究表明："男性高管往往不愿意指导女性，不愿给女性那些有助于她们升职的'逆耳忠言'。"结果呢？缺乏反馈成为导致女性事业阻滞的原因之一。[48]

别人给你反馈的时候，说明他关心你。如果不在乎，他大可让你继续犯错误，自食恶果。

因此，不管这些反馈多让人难以接受，尤其是真的让人难以接受的时候，求知若渴地接受它吧。不妨问问自己："我在其他方面还有做错的地方吗？"不仅要心怀感激地接受，还要求知若渴地接受，不要觉得受到了冒犯。如果你怒火中烧，不妨摁一下暂停键，微笑着道谢，然后走到一个安静的地方，认真思考这些反馈。有时，反馈可能都是假的。我有过那样的经历，但我发现，如果我对自己开诚布公，那么在过去多年间，几乎每次我收到的每条反馈中都有至少一点点真相。而更多的时候，则有更多的真相。

通往自我意识的路很长，而他人的反馈可能会助你一臂之力。所以，别只是被动地接受反馈，主动寻求它吧。找到你身边的同事或上司中那些让你尊敬的人，告诉他们，给你做出反馈不仅不会伤到你，更是你真心渴望的。因为如果你不知道如何改进，又怎样成长呢？最后，要从他人的建议中明辨真伪，择其善而从之。

平衡同理心与自我意识

多年来，困扰我的问题之一是：在喜欢的男人面前，我会完全迷失自我。

每次交了新的男朋友，我都会立刻失去自我，进入小媳妇的角色。我会为他下厨（我从不给别人做饭），送他礼物给他惊喜，还会频繁地变更我的日程和我的生活，只为讨他欢心。我用来考虑他的感受的时间比花在自己身上的时间还多。

那时，我希冀着他能投桃报李，想办法让我幸福。

可现实世界并不是这样的，不是吗？世事往往不遂人愿。好男人往往被我的过分关心吓跑，而自私的男人又黏在身边赶不走，利用我。

我对自己的言行负责，但讲到自己对他人习惯性的过分关心，却责备这个社会。社会时时处处劝诫我们女性要专注于取悦他人。同理心过强的人会丧失做出对自己最有利决定的能力，甚至会丧失了解自己所要或所需的能力。然而，社会却时时处处提醒我们，要少为自己考虑，多给他人关心，这样自己才能更讨人喜欢。我们越是忽视自我需求而看重他人的需要，社会就越会赞许我们是好女人。

我们中大多数人都很容易接受这种信息，毕竟它们在我们耳边已经响了一辈子。

而这些信息是十分不健康的，对我们女人是如此，对那些被教育要占据主导地位而非了解自我和他人的男人更是如此。要在生活中取得成功，我们所有人——女人和男人都必须学会在给予他人与向外索求之间寻求平衡。这就需要灵活转换对于他人的兴趣与对自己的兴趣，我们必须学会关注他人的需求，同时不牺牲自我需要。最近，我看到脱口秀女王奥普拉·温弗瑞（Oprah Winfrey）的一句话后，沉思良久：

> 多年来，我采访过几千人，大多是女性。可以说，在我遇到的每个障碍背后、每个问题的背后，其根源都是自我价值感的匮乏。[49]

我们必须与他人沟通，同时也与自我沟通。幸运的是，这并不是非要二选一的难题。我们对自己越好，就能对他人越好。因此，同理心与自我意识是相互关联的，也是我们能够健康、幸福、有好运气的关键。

行　动：

· 当有人对你刻薄相待，或以不健康的方式向你施压时，想象自己是一只安全气泡保护下的、莲叶上的青蛙。

· 把自己想象成自己肩上的鸟儿，练习控制自我的对话，把自己转变为自己的挚友。

· 说话、做事前，先感受，先思考。处于情绪化或"压力山大"的境地时，摁下暂停键，给自己机会认清情绪反应，制订计划来做出回应。

· 主动寻求反馈，求知若渴地接受反馈，然后从他人的谏言中明辨是非，加以改正。

· 练习平衡自己的同理心与自我意识。关爱自己是关爱他人的第一步。

How to
get lucky
in life

第**7**章

通过培养

激情而

发现激情

到了一定阶段，你应该放手去做自己想做的事。找一份你热爱的工作，每天早晨都能为它干劲十足地跳下床。在我看来，如果只是为了让你的简历光鲜亮丽，而一直做着你不喜欢的工作，那你一定是疯了。这和保留贞操直到年老色衰有什么区别？

——沃伦·巴菲特（Warren Buffett），投资家[50]

人们只看到我生活中那些高大上的演讲场面和光彩夺目的时尚杂志照片，而实际上，那只是我生活中的一小部分。当前，我的职业身份是中国流行文化媒体创作者，究其本质，我是名作家。现实生活中，我写作的时候，大部分时间都是自己一个人，穿着 T 恤和瑜伽裤，绞尽脑汁地把漫无边际的想法转化为电脑屏幕上的文字。

这些天，我一直和这本书形影不离，同呼吸，共命运。从早晨醒来到晚上闭眼，我都在反复琢磨这本书。随着手头的书稿资料堆积如山，我无时无刻不在费神，哪些细节要保留、哪些内容要删减。而如何把纷繁复杂的观点揉为一个连贯的整体，也让我颇为困扰。再比如，如何提出一套适用于所有职业的万能理论？这些都还只是大方向上的决策问题。写作过程中，还有数不清的小决策，小到篇章结构，乃至遣词造句，都需反复琢磨。

驾轻就熟不等于轻而易举。于我而言，写作自然是驾轻就熟的，但也绝非易事。写作过程中，有时我会遇到瓶颈，感觉创作难得离谱，心有余而力不足。往往这时，我会生出甩手不干的念头。

不过，这本书始终能让我打消放弃的念头，继续写下去。它对我的诱惑总让我心痒难耐，欲罢不能。每当夜深人静的时候，有些我白日里苦思无果的内容，会突然在脑海里灵光乍现，我便会猛然惊醒，欣喜若狂。每每这时，我都会不顾吵醒大卫，摸出手机，赶快记录下那个稍纵即逝的灵感。就这样，我的身体像上了发条一样，夜以继日，不停地创作。

事实上，将创作这本书比作难耐的心痒并不确切。其实，它更像一种疼痛感——一种无计消除的疼痛感。

别误会，我可不是在煽情催泪。因为，尽管这本书带来了一种疼痛感，但我痛并快乐着。我爱创作，只想创作。创作是我的职业，也是我的激情所在。

你的激情究竟在何处

每年的五六月，在各大高校的毕业典礼上，总有发言人会勉励毕业生要"听从激情的召唤"！

话虽如此，但对大多数人而言，问题并不在于是否要听从内心的召唤。我们都愿意听从激情的召唤……问题是，我们的激情究竟在何处？

不妨做个测试：如果一份工作没有酬劳，你得再打一份工才能养活自己，你还愿意做吗？

你很可能会这么想：什么鬼，才不要！

很多人其实都会这么想，到处都有人怀着这种沮丧的想法："苟且的生活啊，总该出现些更有意义的事情吧。"20世纪70年代，纪实作家斯达兹·特克尔（Studs Terkel）走遍美利坚大陆，针对普通美国人的工作状态，采访了形形色色的人，并汇编成《工作中》（Working）一书。该书风靡一时，成为人们茶余饭后的谈资。这本书读起来尽是一片萎靡之声，几乎所有受访者都做着自己不喜欢的工作，抱怨自己工作的也大有人在。透过他们的话语，特克尔看到了这类人的精神创伤，有时甚至还触碰到了他们的伤疤。他们感觉自己被困住了，为了维持生计，他们不得不工作。在特克尔看来，要待在一个禁锢自己灵魂的小岗位上，简直就是在虐待自己的灵魂。

"周末晚上，你会想些什么？"有人问道。"妈的，我真想换份工作。"[51]

为了写这本书，我读了《工作中》。其间，我感同身受过，哭过，也笑过。撇开我们之间所有的不同，我们都在追寻激情，追求着比小我更高的境界，我们渴求的工作是广袤大地上值得我们倾注宝贵时间的那份工作。

而在选择职业时，大多数人都会受到外界的影响——别人认为我们应该做什么，或同辈人都在做什么。妈妈会说："看看你表哥，他当医生挣了多少钱了！你怎么不去当医生呢？"又比如，商学院毕业的我们选择了随波逐流，不是做了咨询就是入职投资银行，抑或一头扎进互联网行业。

但效仿他人无法帮助我们找到自己的理想职业，也无法让我们找到自我。我们都有潜力，也都有局限。如果你和自己的性格对着干，那么，你注定会失败。而一旦失败，你就会牺牲你的合伙人、你的同事，甚至还有你的家庭和那些你承诺过要照顾的人。

为什么你会觉得缺乏斗志、生无可恋？因为能让我们每个人干劲十足的事都是与众不同的，而我们每个人的个性早在幼年时就被人扼杀在摇篮里了。我们穷尽一生都活在别人的期待之中，而他们只想让我们顺从、听话，甚少在乎我们是谁。长此以往，我们和真实的自我渐行渐远。

在这种压力下，我们变得胆怯。为了获得他人的认可，我们放弃了真我。我们精疲力竭，只为迎合别人眼中的真理。到头来，许多人都迷失了自我，困惑不已。我们用前半生来迷失自我，若我们幡然醒悟，又要倾尽后半生去重新找寻自我。

你的内心有一个真实的自我，它在等待你成为一个完整的人。你必须通过工作让真我发声。如果你背道而驰、步步紧逼，它就会跟你对着干。表面上看，你问的是：“我应该做什么？”但这个问题实质是：“我是谁？”

想要实现自我，就必须成为真实的自我，这和你是否符合外界对你的期待无关。因此，追寻激情的起点，绝不来自外部的“在那儿”的声音，不是让你和自我背道而驰，而是发自内心的“在这儿”的声音，是一种让你回归真我的召唤。探寻激情的旅程是发现、找回、接受并最终爱上真实自我的旅程。

这听来很简单，但实际上，要认同自己的价值比试图成为别人更难。一则犹太寓言曾指出，人人都想成为别人，而做回自我则尤为重要。寓言虽然短小，寓意却尤为深远。拉比·苏西亚说过：“在后世中，人们不会问我：‘为什么你不能像先知摩西一样？’而会问我：‘为什么你不能像拉比·苏西亚一样？’”[52]

有很长一段时间，我就是那个游离在真我边缘、极度迷茫、不知何去何从的人。最终，奇特而波折的职业生涯让我发现并重塑了自我。最近，一位杂志作家问我，如果我能与世界上任何人互换生活，我想与谁交换？所幸，在那一刻，我能坦言我不想成为任何人，我只想做自己。

找回自我绝非易事。想要找回自我，你需要卸下所有的伪装，发现内心最深处的自我。卸下伪装、发现自我的过程会让人无所适从，所以，大多数人会隐藏自我，或逃避自我，或在忙碌的工作中埋葬自我，抑或干脆对其视而不见。

这是我的经验之谈，在我 35 岁那年，我不得不正视并重新考量关于自我和职业的所有设想。

当我不得不面对自我

被任命为副市长的那一刻，我以为我能暂别房地产业 4 年，为世界做些善事，在提升自己履历的同时，也扩展一下自己的人脉。

4 年后，任期接近尾声。我满心期待自己会华丽转身，回归房地产业，赚得盆满钵满。

我联系了相识的房地产猎头，约其共进早餐。一番寒暄后，我郑重地宣布："我已整装待发，准备重归房地产业。"

"噢？"他问，"去做什么呢？"

这一问着实有些突兀。"当然是做开发商啊。"我回答道。

他沉默了，低头看着自己的盘子，说道："你年纪轻轻，就要从高位急流勇退，会有很多人看着你。你要竭力保证你的下一步会成功。"

"当然会啊！"我惊呼道，"这难道不就是我们在这儿的目的吗？"

他略显尴尬，话锋一转："说实话啊，Joy，我对洛杉矶市的房地产开发商了如指掌，但如果要我列出其中最具潜力的房地产开发商的名单，你却不在其中。"

我惊呆了。从来没有人这样说过我。大家从来都只会夸赞我 **"绝顶聪明" "能言善辩"**。自然，在我任副市长时，萦绕耳畔的都是百分之百的溢美之词。这里头可能百分之百都是溜须拍马，但我已然习以为常了。

此时此刻，一位有资格的人对我做出了评价，而且明显他说的都是真话，我不能不听。

他的话，我都听进去了。

我试着缓解了一下气氛，说道："说不定我会进军房地产业的投行事业部呢。"退一万步讲，投资银行家挣的应该比开发商多，而我确实有房地产金融方向的工商管理硕士学位。

他马上接过话茬儿："**千万别**成为投资银行家。"

那一刻，我的眼前闪过我的下场：家徒四壁，没有丈夫接济；积蓄用光后，我大概最终会无家可归，变成我竭力资助多年的捡破烂的老太婆吧。

他说："想想**你**最擅长做什么，以此建立起你的职业根基。"

我反驳道："除了为政府办公，我就知道房地产啦！我可是有两个与房地产相关的硕士学位啊！"然后，我问道，"那*你*觉得我最擅长什么？"

"你擅长与人沟通，乐于与人分享观点，"他说道，"想想你的那些聚会吧！朋友来自各行各业，有人搞艺术，有人经商，还有人从政，无所不包啊。"

"聚会！"我有点儿吃惊，"聚会和工作有啥关系？聚会纯属娱乐呀！"

我不由得开始怀疑这个人是不是在瞎扯淡了。

他说："你既能结识 CEO，又能和流浪汉打成一片。你可以与一个人交谈，还可以与一千个人交谈。这就是你的本色。"

这场谈话的走向与我的预期截然相反。我喜欢新颖的观点，但要毁灭我花了15 年建起来的自我认知，我可拿不准。

他接着说："世上没人比你自己更能感知到你的受众的需求。你能从千奇百怪的来源中提炼观点，生成资讯，传播信息。这是任何投资银行家都做不到的。"

我点了点头："我懂了。你的意思是我应该去做市场营销？"

他却摇摇头说："市场营销是一对多的职业，你的天赋更私人化。"他沉默了片刻，继续说道，"我想你可以考虑考虑做高管猎头。我可以引荐你到我们公司来。"

这下，我完全不知所措了。

在接下来的三周里，我反反复复在脑海里回放这段对话。我想，无论如何我还是会投资房地产的，只因一家之言就放弃这个领域，未免太过疯狂。毕竟，我还没还清读研的贷款啊。

但是，听他这样说时，我内心有点雀跃，感到如释重负。房地产一直是我的职业选择，但事实上，**我从未真正爱过它**。

我当然爱房地产这个**概念**，房地产为人们生活、工作等方面创造了一个美好的空间。然而，对于现实中日复一日的房地产工作呢，我确实爱不起来。

我纠结不已，因为作为一名开发商，我的表现算不上**糟糕**。我总以为自己的业绩不错。上司赏识我，每年都会让我承担更大的职责，给我一个更大的头衔，自然也少不了加薪。当然，也有时局不景气、工作难做的时候，但工作难做难道不是**理所当然**的吗？

生活中的美好事物不都是靠勤奋和坚持换来的吗？

那么，开发房地产时，我有没有那种与生俱来的使命感呢？会不会有我面对人群或向千人创造资讯、传递信息那种成就感呢？并没有。

房地产的工作我做起来得心应手，好比水过鸭背不湿羽——是再自然不过的事儿吗？压根儿不是。

我渴望一份为我量身定制、非我莫属的工作吗？当然。

但 35 岁重新开始，是否为时已晚？

失败了怎么办？

大家都看着呢。

看着我失败。

那时，我感觉自己的未来似乎全赌在这个决定上了。

无论如何，我已经在房地产业投入了 10 年，拿到了两个相关的硕士学位。我当然不愿放弃这来之不易的一切。

当心沉没成本偏见

这是我生命中第二个机会从天而降的幸运时刻，而我差点就搞砸了。一开始，我并没有觉得这是一个机遇。为什么？借用经济学术语，因为我陷入了"沉没成本偏见"的心理陷阱里。沉没成本，即已经付出且无法追回的成本。

比如，你买了张概不退换的票，要穿越市区去听人演讲，但到了那晚，你又不太想去了。你累了、天气不好，交通状况也很糟糕，你就想回家来个"葛优躺"。但转念一想，你已经花钱买了票，票价不菲，而且是你好不容易才抢到的。想到这儿，你还会去吗？

经济学中，沉没成本的原则说的是，在决策中，你只应考虑未来的成本与收益。花在门票上的钱已经回不来了，此时此刻，你只应考虑到底想不想去。

沉没成本偏见的效应尤为强大，影响着各个领域的决策。你有没有听过 CEO 在失败的投资项目上再次砸下重金，只因他早先付出了资金和名声在里头？你有没有看过别人点了太多食物，明明吃不完，还要硬着头皮吃个精光，只因他不想浪费？而你自己有没有坚守过一段糟糕的长期恋情，只因自己已付出了大量时间？一切错误的决策，都是沉没成本偏见惹的祸！

正如成功的扑克玩家知道何时收手、及时止损，沉没成本原则对于投资的成败，乃至生活的成败都尤为重要。华尔街先锋人士杰拉尔德·勒伯（Gerald Loeb）

曾说过："知道何时抛空，且有胆量看准时机抛空，是成功的要诀。"[53]

所幸，经过与猎头公司长达数月的面试沟通后，我最终下定决心成为一名高管猎头，就此彻底告别房地产业。

沉没成本偏见让人们无法挣脱自己不喜欢的职业，它也是很多人从未找到自己激情所在的主要原因。他们不想浪费已经付出的时间，所以长时间地坚守着，长年累月、数十载乃至一生都在坚守不适合自己的职业。多少人的潜力就此荒废，实属悲哀。

学以致用固然没错，但千万别让过往的经验牵绊住你决胜未来的时刻。既然过去了，那就翻篇吧，别再耗费更多时间。时间是最宝贵的资源。

想过自己的生活，必须有激情

因为顶尖的成功人士的工作是他们的激情所在，所以，他们从事的工作与他人密切关联，也与自我密切关联。如果让他们评价自己的工作，他们大概会感叹："我爱我的工作！"他们不只爱工作成果，也不只爱工作带来的金钱收益，他们还爱这项工作本身，爱到无可替代。对他们而言，工作恰似玩乐，玩乐即是工作。他们不会想要度假，因为对他们而言，工作就是度假。

近一个世纪前，英国神派牧师杰克斯（L. P. Jacks）曾写道：

> 生活艺术的大师不会严格区分工作与玩乐、劳作与休闲、想法与行为、教育与消遣。生活大师几乎从未留意个中差异，不管在做什么，他们都只顾追求卓越，而到底是在工作还是在玩乐，则是留与他人说。在他自己看来，似乎往往是二者兼而为之。[54]

要想成为真正的成功人士，在工作中也必须有类似的感受。怀揣激情，就如同内心深处涌起一股力量。那力量远超你的掌控，但却驱使你往一个方向走。这种感受又好像是一种内在的愉悦感，好像自己选对了路，终于能顺应内心，去做自己喜欢的事。

只有怀揣激情，才能获得非凡的成就。总有一天，你会发现，要过自己的生活，必须有激情。也只有在那一刻，你才能学会真正了解自己，才会全身心地投入到事业中，才会撩到好运气。

你的激情就是你的最佳才能

初入职场，对于新闻报道里那些天赋异禀的"大神"，我总是膜拜不已。他们好像超人，有着点石成金的通天本领。

成为高管猎头后，当我有机会采访部分"大神"时，我才意识到这些人并非神一样的存在，他们如你我一般普通。如果就他们的领导力技能展开全面评估，你会发现，和我们所有人一样，他们都有一两样自己尤为擅长的技能。在那些领域，他们较之同行而言达到了 A+ 级别。而其他方面，他们则得到 A、A-、B+ 等级别。也许他们是比普罗大众整体实力强一些，因为他们的 B- 或 C 级技能比普通人少很多，但他们绝不是我之前预设的那种全 A+ 的大满贯赢家。

他们之所以能鹤立鸡群、傲视群雄，是因为在机会从天而降的幸运时刻，他们能抓住机遇，进入完全契合其最佳才能的工作岗位。最佳才能就像是双手，工作则是双高品质的软皮手套，而这副手套正是为这双手量身定制的。

也就是说，他们不仅能凭借最佳才能把工作做好，而且在工作中，还能日益精进自己的最佳才能。与此同时，和这些幸运儿同台竞技的人，则拼的都是他们的 A-、B+ 或 B 技能。所以，后者在竞争中全然没有胜算。

那么，最佳才能与激情有什么关联呢？早先，我们提到人才的本质，也提到并无与生俱来的才华这回事。这一点对我们关于激情的讨论尤为重要。这意味着最佳才能是你最擅长的事情，因为你娴于此道。而你之所以能娴于此道，正是因为这是你的激情所在。换言之，激情所在就是最佳才能。

因此，成功的道路有两条：其一，找一项工作，然后花一万或两万个小时做这项工作；其二，找到已经投入大量时间做的事，然后以此为职业基础。

爱迪生与乔布斯都有项最佳才能，即以创新方式拆解并重组小物件。而这之所以成为他们的最佳才能，是因为他们从孩童时代就开始反复操练这项技能了。由此可见，发明创造首先就是他们的激情所在，而后才成为他们的最佳才能。而投资家沃伦·巴菲特对挑选股票有激情，因而选股就成了他的最佳才能。

要为生活注入激情，必须发现自己有何特点，然后以此发展自己的技能，从而能在这世上创造价值，获得成就感。

所以，较之于"听从激情的召唤"，更好的说法应该是："培养一份激情吧！"

培养激情的第一步，就是要找到一份激情。不过，先得更多地了解自己，了解自己的处事方式、个性特点和个人好恶。

而这些，其实已经从童稚时期就留下了线索。错综复杂的线索可能难以解读，但你必须尽力去解读，尤其当你感到迷失自我、偏离自我或脱离了真实自我轨道的时候，更有必要从蛛丝马迹中找到激情所在。

当我站在重要的人生转折点时，是别人准确无误地指出了我的最佳才能在哪儿。而如果我观察得足够细致，那么我早该发现自己一路上留下的线索。我总以为既然自己在房地产业如此拼，那么房地产业无疑是我的激情所在。而我未曾注意到，自己过去总是尽早收工，然后把空闲的时间用来探索新想法，并与人们就新想法畅聊一番。

你的最佳才能就是激情的外在表现。那些让你一次又一次不自觉地为之吸引的事情就是你的激情所在。它们就像一个魔咒，你可能意识不到，却**会去践行**。

然而，人性怪就怪在我们往往从未察觉自己的最佳才能。我们看中那些来之不易的技能，只是因为我们需要历经千辛万苦才能练成这类技能。就好像我做房地产开发商时，曾一度钦佩那些金融精英，而这仅仅是因为我自己对金融不甚了解。

与此同时，那些轻轻松松就获得的技能，往往会被我们轻视。这类技能看似如此简单，我们甚至不屑称之为技能。我本人就从未想象过观点交流以及与人沟通会成为我解锁新职业的技能。

要走出自己的人生，你就必须摒弃上述偏见。

大多数人从未找到自身的激情所在。而就算对那些为数不多找到自身激情的人而言，找寻自我激情的过程不但纷繁复杂、难以立竿见影，还有那么一些机缘巧合的意味。如亚马逊创始人兼董事长杰夫·贝佐斯（Jeff Bezos）所言："人们常犯的大忌之一，就是试图刻意发展一项兴趣爱好。"[55]

要找到你的激情，这一过程包括探索内心、发现自我、试探试验与继续精进。即使是在那些顶尖的成功人士中，也少有 20 岁出头就做出一番成绩的例子。而功成名就后，面对镜头，他们往往会感慨："实在无法想象自己去做其他职业会怎样！"然而，事实上，他们早已想象过其他可能了，而且还可能真切地尝试过其他可能。

诚然，世间的成功人士大都更接近于我的职业路径：数十年浮浮沉沉，一路走来还有好些闯进死胡同的时刻。我们的世界瞬息万变，一切都是那么不可预期，而这种趋势只增不减。明日的顶尖成功人士应该是这样一类人，他们懂得人生无关乎"寻找"一份维系一生的激情，而在于坚持不懈地发现自我、探索职业道路。世间变幻，他们也会变化。自然，他们的激情也会为之改变。

是事业还是爱好

当你发现自己的激情所在后，你是否应该如他们所说的那样，去听从激情的召唤呢？

首先，你必须能辨别爱好与事业的不同。

假设你对烹饪满怀激情，即便上班时，你也常躲在电脑屏幕后面，上网搜罗各种新式菜谱。一到双休日，你还会跑到郊外的有机农场，只为采集新鲜食材，精心烹饪美食。而你的朋友们也会蜂拥而至，迫不及待地想要品尝你的手艺。

如此这般，你会不会萌生自己开一家餐厅的念头呢？应不应该呢？

有这样一种可能，一旦把你的爱好转变为事业，各式各样的压力都会随之出现，把你的激情消磨殆尽。要么中午 11 点到晚上 11 点，一周七天都要辛苦下厨，要么赔光全部家当，把你的个人积蓄、亲朋好友的投资输得精光。这时，你还会像最初那股热爱烹饪吗？

如果这些潜在压力都没让你打退堂鼓，那么再考虑一下进入竞争如此激烈的行业会有哪些风险。在美国，60% 的餐厅熬不过一年，80% 的餐厅会在 5 年内关门大吉。[56] 我想，中国餐饮业的境遇也不会乐观到哪儿去。

如果你有十足的把握能突出重围，如果你有新奇的点子能让你在业内站稳脚跟，那么，烹饪不仅是你的激情所在，更是你的 A+ 技能。客观来看，你已经天资卓越，足以胜任大厨名烹的角色了。

那么，是不是到了你拯救饥肠辘辘的吃货们的时刻呢？

也许吧。但要经营一家餐厅，你需要的技能远比烹饪多得多。首先，你需要强大的财务管理技能。而单单是餐厅装修、开张，动辄就是上百万元人民币。开张后，应急储蓄少得可怜的你又该如何应对失误、意外开销和债务呢？在美国，餐饮业的平均边际利润是 2%～6%，这还是税前。[57]

一旦开张，还需要事无巨细地去管理食材、食品，你需要招聘和管理一批劳动力，控制员工成本，同时应付这个行业较高的人员流动率。此外，在那些决定店家生死存亡的美食博主与评论师面前，你还得表现得好像经营餐饮纯粹是小菜一碟。

如果这一切操劳让你"压力山大"，别慌，任何一项技能都可能适用于多种职业。如果你喜爱烹饪，但又对开餐厅有所顾虑，那不如成为美食博主或运营一款美食 APP 吧。

我喜欢与人沟通，喜欢分享观点。这些技能引领我走向了与其相匹配的职业：政客、猎头、励志作家。而如今，我又成了书籍和其他媒体的创作者。我热爱自己的事业，并且不认为自己以后会不做这项工作。话虽如此，如果说我还对事业和好运有任何了解的话，那就是永远不要说"永不"。

我的处女作问世后，我接受了一本杂志的采访，那是本面向艺术家与作家的小众文学杂志。编辑告诉我，他们的读者最关心的话题是，他们想遵循自己的内心做艺术，却发现那样根本无法养活自己。她问道："您是为别人写作，还是为自己而写呢？"言外之意，即服务于他人的艺术创造必定会背叛艺术创造者的初心。

我向她解释道，作为作家，我百分之百清楚自己是在为他人而写。我的目标是改变世界，而写作只是我实现目标的途径之一。如果艺术家的艺术创造只为表达自我，全然不顾他人的话，那么我认为这项艺术不过是他的爱好而已。另外，除非他已经有一定的粉丝基础，有粉丝会收藏他的作品，或者他有把握"吸睛涨粉"。否则，要以此谋生就是天方夜谭。

人们常常把自己的爱好与事业混为一谈，最后不得不惨淡收场。爱好是为自己而进行的活动，目的只是愉悦身心、放松自我。而事业是你的日常工作，你需要得心应手，毕竟它最后会成为你一生的工作。这意味着你得为工作谋求市场，这也意味着你得用自己的天赋去服务他人。

行　动：

· 接下来，我们将进行一次找寻激情的试验，探究如何培养激情，从而发现激情所在。现在，请您自我审视一下，您怎样看待激情与事业这两个概念？是什么促使您选择了当下的事业？权衡抉择时，您是否带入了沉没成本偏见？

· 激情所在是让你一次次不自觉为之吸引的事情。你最喜欢做什么？你的时间都用来做什么？什么是你无法挣脱的事？什么是你甘愿牺牲睡眠、时间、假期，牺牲一切去做的事？如果给你全世界的财富，你又会如何利用自己的时间呢？

· 什么是你天生擅长的事？别人认为你最擅长什么，认为你应该以什么谋生，或者认为你应该多做哪些事情？别人往往在什么事上有求于你？如果可以教课，你想教什么？你的小伙伴们都如何评价你的最佳才能？

· 列出你的最佳才能各自匹配的职业，分别考量各行各业的匹配技能，并思考自己是乐于以此为业，还是仅仅作为爱好。

How to
get lucky
in life

第 **8** 章

打造特性，

自我增值

你应该不懈地专注于自己擅长的事，不过此前，你必须深思熟
虑，想清楚自己擅长的事在未来是否有价值。

——皮特·蒂尔（Peter Thiel），企业家[58]

很多人对寻找自我激情抱有好莱坞式的幻想，认为它恰似寻找灵魂伴侣那般，音乐一响起，便一见钟情、电光石火。不过现实中，事业激情抑或爱情激情并没有那么"动情声色"。我这么说是有根据的。我从事过四种职业，它们横跨了三大洲，从18岁起，我便开始恋爱、约会，38岁前，我一直没结婚。也就是说，感情方面，我算得上是你的前辈啦！

而我很幸运，最终实现了爱情、事业的双丰收。我发现，在事业和爱情中，寻找激情的路径如出一辙。

事业激情就像爱情激情

说到灵魂伴侣，其实是这么一回事：它不同于电影情节，并不是说宇宙就为你创造了那么一个灵魂伴侣，要你跑遍地球去找到这个人；其实，世界上有许多人都可能成为你的灵魂伴侣。你得了解自己，然后尝试多约会（如若不信，你可以读读《30岁前别结婚》），二者兼为之。而后，你会更了解自己的所需，也更懂得如何在潜在对象中择优而选。

当你对自己和他人都有了深刻的了解之后，你就可以选择一个伴侣并对彼此做

出一辈子的承诺。好莱坞电影总是以华丽的婚礼画上完美的句点，而现实生活中，婚礼只是开始。婚后，你和你的伴侣组成人生历险的团队，每一天都在共同成长，越发亲密。随着时光的流逝，你们的生命会交织在一起，经过了岁月的洗礼，你们终会成为灵魂伴侣。

这一过程并不像好莱坞电影桥段那般戏剧化，音乐响起便一见钟情、电光石火，但我想说，现实其实更为浪漫。

而寻找事业激情的路径也极其相似。在诸如"听从激情的召唤"的口号洗脑下，许多人坚信总有一份"完美工作"在那儿乖乖地等着自己，而自己一定能一眼相中这份工作。就这样，他们为了找寻这份完美工作，不断跳槽，换了一份又一份工作。

问题是，除非你已经具备了胜任那份工作的能力，不然所谓的"完美工作"，不过是异想天开。乔治城大学计算机科学家卡尔·纽坡特（Cal Newport）曾说过：

当我观察那些热爱工作的人时，我发现，他们中大多数人的激情都是慢慢培养起来的，也往往走过计划之外曲折、复杂的路径。比如，极少有人能在不擅长某项工作之前，就非常喜欢这份工作。这是因为专业素养的积累能产生很多让你更爱这份工作的特质，比如，受到尊重、产生影响力、获得自主权等。但要达到这一步，可能要痛苦煎熬，历经数年。

高大上的职业一开始可能一点儿都不高大上，这是现实与梦想的冲突，而这个所谓的"梦想"则由"听从激情的召唤"的口号而来。那句口号的言下之意，即平行宇宙中，注定有份完美工作候着你，让你一见钟情。因此，80后、

90 后对工作期待过高，一旦进入岗位又往往大失所望，这一现象已是屡见不鲜。

好在通过以上现象描述，对应的解决方案得以明朗：关于如何追求到美煞旁人的职业，我们需要就此展开更为细致的探讨。比方说，初入职场那几年，枯燥无味的杂活、琐事会消磨你积累工作技能的意志，而我们目前并不知道到底应该怎么去形容和面对这个艰难的阶段。尽管初入职场艰苦的技能培养阶段能为事业成功奠定基础，但通常情况下，你会为"听从激情的召唤"的教条所蛊惑，认为这份工作不能短时间内给你愉悦感，这便不是你的激情所在。在漫长的职业生涯中，初入职场这一阶段的价值是我们需要深刻探讨的话题。[59]

如果读完上面的内容，您就有大翻白眼的欲望了，那我也理解。我还记得自己初入职场时被人压榨、打杂干琐事的日子。那时候，我还要听别人苦口婆心地劝我说这几年吃的苦头是我必须要交的学费。我愿意努力工作，但我不愿意为了一些毫无意义的琐事吃无意义的苦。那时，我极度渴望做一些富有挑战性的、能给我成就感的工作，而且这工作最好有个 CEO 的头衔，并且能带来跟我的付出相匹配的酬劳。

放眼四周，我亲眼看着身边的职场"小蜜蜂"吃了数十年的苦头，都还看不到熬出头的那天。最可怕的是，我当时根本看不清自己做职场"小蜜蜂"的出路在哪儿。毕竟，我不比本地的高富帅白人小哥。他们家世显赫，可以借助神秘的老同学校友会谋取功名。

不过，逃离职场"小蜜蜂"的苦海后，我懂得了初入职场那些年，无意义的杂活对今后的事业很可能至关重要，不过个中缘由却和旁人的劝诫说辞不同。在你的人生中花那么多年的时间干杂活，交所谓的"学费"，完全不是你对这个社会或者对你的公司的义务。初期的杂活至关重要的原因其实是在于它能给你稳定的收入，同时能提供一个环境让你通过努力工作积累经验，从而为今后的成功奠定基础。

当我还是个房地产开发商的"小白"时，我们举办过一系列的建筑竞赛。我的任务是连续数日复印、整理、寄送材料给世界各地的建筑公司。后来，当建筑师们来参观的时候，我得以学习到这些身居重要岗位的人之间是如何互动的。有的时候，我要在财务模板里输数据，输到眼瞎。但这项工作激发了我学习 Excel 表格的财务功能，能让枯燥、机械的任务自动化。最重要的是，在那些日子里，我把在房地产业学到的新技能应用到了真正有意义的事业中，即为洛杉矶市市政建设添砖加瓦。因为我做的廉租房工作严格讲来属于志愿性质，没有人催促我做这件事。他们都缺乏与房地产相关的专业背景，于是我便承担了所有我能做的工作。随着我的能力见长，我负责的工作级别更高了，身边也不再有人阻挡我的职业道路了。

回望来路，我发现，尽管做房地产开发商时，我不过是一个大型机器里的小螺丝钉，没有响亮的头衔，没有高额的薪酬，但是，我的工作实质上并不是建高楼筑大厦，而是构建一个更好、更睿智、更有同理心、更有自我意识、更有才能的自我。

所以，如果你做着琐碎的活，也别为工作琐碎这件事本身懊恼丧气。你的工作不能决定你是谁。工作只是给你报酬，让你学习和成长的方式。切莫虚度光阴。你要为锻炼你自己而负责。每一天，都要竭尽全力，一点点地去学习和成长。

喜剧演员史蒂夫·马丁（Steve Martin）常常遇到年轻人向他请教在好莱坞出人头地的方法。马丁总是回答年轻人："让自己好到别人无法忽视你。"不过，让马丁遗憾的是："从没有人把我的建议放心上，因为这不是他们想听的回答。他们想听的只是'喏，这就是找经纪人的方法，这是写剧本的方法'，而我却总说着'让自己好到别人无法忽视你'。"

马丁算了算，他花了10年才让自己好到别人无法忽视，然后一举走红。"到最后，你富有阅历，就自然而然散发出自信，"马丁解释道，"我想这是观众能感受到的。"[60]

细细想想，这一切都是有道理的。如果像莫扎特和巴菲特那样改变历史的天才都需要数年的努力才能出人头地的话，那么，你自然也没理由要四处打转，追随某种关于激情的缥缈的概念了。激情随技艺精湛而至。[61]

发挥你的最佳才能，脱颖而出

技艺精湛这一点，我做高管猎头的时候每天都能见到。事实上，那些年我觉得最有趣的事，就是能遇见众多极具能力的人。而每个人的才能都是与众不同的。我常常比对两份看似一模一样的简历。比如，两个人都从哈佛商学院毕业，毕业后都任职于《财富》世界500强公司的金融部门。两个人后来又都成为中型汽车企业的首席财务官（CFO），而现在则都成了私募股权企业的合伙人。

这简直就是双胞胎嘛，我心想。

之后，我便与他们面谈。让我诧异的是，两人往往截然不同。他们的行为方式、气质气场、喜恶如何，强弱在哪儿，价值体系、职业目标与生活追求，都迥然各异。

为人母后，我再一次体会到了这一点。我的大女儿出生后，我看着她学走路、学说话，心里想着：孩子都这样呀。而同时，她又是个那么善良大方、那么善于观察、那么善解人意的孩子。即使在她还不会说话的时候，她似乎已经有了一个成年人的灵魂。

接着，我的小女儿出生了。那年是虎年，她一生下来就大声哭闹，像极了一只小老虎。哭得很凶！有些狂野，又很情绪化！她总会和你交涉，竭力为自己争取到最好的。

我们的可塑性都是极强的，我的女儿们也一样。随着她们一天天长大，她们的性情也会大大转变。尽管她们有着相同的血缘亲情和家庭环境，但她们已经很明显是两个独特的个体了。

我喜爱我的女儿们，也珍视她们各自的特性，但我对女儿的爱意并不会掩盖这样一个事实，那就是作为曾经的高管猎头，我十分深刻地意识到，我的女儿们在职场起步期，对这个市场都是一样无用的。我希望我的工作不仅仅是作为一个母亲去养育她们，我更希望能帮助我的女儿们变得更为独特、更有价值。直到有一天，她们能用自己的方式撩到充满激情与意义的事业。

在此，我想借用"特性与价值"这一概念。硅谷风投资本家、作家盖伊·川崎（Guy Kawasaki）曾在一堂启发公司如何找到市场定位的课上提出了这个概念。他

展示了一幅简明的四象限图，X 和 Y 轴的变量分别是"价值"与"特性"。左下象
限内，是那些廉价、跟风的网络公司的"乱葬岗"，这些公司榨干了投资人的资金
后无一幸存。他表示，另一些公司处于左上象限内，这些公司提供的服务有一定价
值，但缺少独特价值。戴尔公司就是如此，凭借售价亲民占据了电脑市场的一席之
地。而处于右上象限的企业提供的则是强特性、高价值的产品服务（如腾讯公司的
微信产品）。盖伊称："右上象限就是市场的圣杯，是意义所在、利益所在，更是改
写历史的存在。"[62]

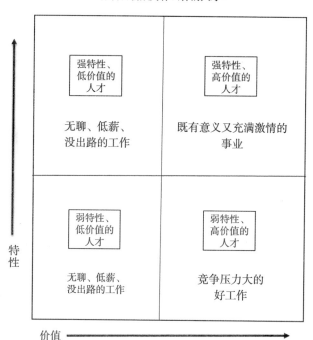

你今日是什么样的人才？
你明日会成为什么样的人才？

　　这个四象限表可以很好地帮助我们理解人才的定位。根据我们的四象限人才表，我们可以按照以下四种情形给自己定位：

　　（1）不独特的低价值人才：因为没有一个人生来就是天才，所以我们在职场的起点都类似，是低价值人才。如果我们不能学习和进步，让自己变得更有价值，那么我们就会默认一生都处于左下象限。不幸的是，左下象限的工作都是无聊、低薪而没有出路的工作。

　　（2）独特的低价值人才：为了逃脱左下象限的悲惨命运，我们也许可以利用一些小聪明来让自己变得独特，比如染个紫色头发。但是，如果不为自己增值，我们就会处于左上象限，那里的工作依然是无聊、低薪而没有出路的工作。

　　（3）不独特的高价值人才：我们能够不断努力地提高自己对世界的价值。比如，回到学校，在一个热门领域接受更多的教育和培训。这样做有助于我们往右下象限方向走。进入这个象限的优点是这里也许会有很多好机会。缺点是，我们还是会和其他数百万类似的人才处于不断的竞争中。在我们的"赢者通吃型"的世界，这不是个安稳之地。

　　（4）独特的高价值人才：综上所述，我们都应成为独特的高价值人才，只有右上象限才有激情和意义并存的理想事业，才能撩到能够助他们获得梦想事业的运气。

当我以资深猎头的眼光回头看二十几岁的我时，我看到了我的实际能力与我对自己能够得到不同机遇的盲目期望之间的差距。尽管我有着令人羡慕的本科和研究生学位，但是我还没有足够的技能去变得独特和有价值，也许市场残酷的效率性已经试图告诉我了。

如今，我经常遇见有才又努力的年轻人，他们就像过去的我一样，被那些他们自以为能够得到的理想工作耽误了。原因何在？也许是因为和我一样，他们也觊觎那些同龄人中的佼佼者，或者是他们听信了那些"听从激情"的说教。当然，还有可能就是父母总是强调他们是特别的。

不论他们理想与现实之间的差距是如何形成的，这些年轻人都不满于其自身天赋所对应的左下象限的工作，又低薪，又无意义。当这些"完美工作"的泡沫幻灭的时候，他们就陷入了沮丧与失望中。[63]

切莫跌进此类陷阱——坚信自己是多么言过其实的独特或有价值。当今世界瞬息万变，我们所有人都必须坚持不懈地拼搏，锻炼自己的强项，增加自我价值。如此，我们才能让自己有能力创造意义、收获利益，乃至创造历史。

首先，我们必须客观地审视自己。我们的激情是我们的最佳才能，但并不意味着这些激情就是我们的 A+ 技能。世间有许许多多才能极为了得的人。和他们竞争，我们的最佳才能有可能只达到 B 或 B+ 等级。要撩到我们的好运，我们必须不断地精进最佳才能，同时要磨砺额外的"基本技能"与"专业知识"，以此将激情转换为成功的事业。此处借用了人力资源术语——**基本技能**，指能做的事，而专业知识指知道的事。

中学时期，我的目标是拿到全优成绩单，然后顺利进入名校深造。我喜欢英文课，因为我喜爱经典文学。不过，对数学我就不怎么"感冒"了。于是，我理所当然地拿到了英文的全 A 成绩，而数学往往只在 B 与 B+ 间徘徊。由此，我集中精力，发誓要把数学成绩提升到 A。

成为房地产开发商后，我也遵循了同样的逻辑。我的金融技能相对较弱，于是我重返校园，拿到房地产金融方向的工商管理硕士学位。但这个策略是错误的。当时，我万万没想到从象牙塔毕业后重返市场，一切早已是沧海桑田。

现实世界里，全 A 成绩单不是最终目的。与其弥补短板，追求全面发展，不如强化你的最佳才能，强上加强。也就是说，与其追求全方位的完美表现，成为千篇一律光滑的圆，不如竭力打磨出与众不同的形状，有更"锐利"的优势。（专业知识则不同，专业知识需要广博，我后面会具体讨论这一点。）发现并发展你的最佳才能，以此为基础规划你的事业。

成为作家后，我不再关心自己的金融技能是强是弱了。事实上，够用就行。我转而开始每天坚持积累知识，从知识中发现规律，把零散的观点转换为新观念，然后捕获脑海里的各种想法，将其转换为白纸黑字的文本。

这些都是我职业所需的核心技能。在当今时代，要做一名成功的作家，不但要写得好，还要十八般武艺样样精通，其中最重要的技能就是放下身段，推销自己。就算作家写出绝世好作，如果没有行之有效的推广，那么这就很像那个哲学难题了："若林中一木倒，而四周无人闻其声，则木之倒地有声乎？"

自从我涉足美国政坛，已有近 20 年了，因而，要厚着脸皮去推销自己早已不在话下。但我的这点经验在美国奏效，且使用的语言是英文。而在中国，不管是语言还是文化都和美国截然不同，二者的社交媒体环境更是差了十万八千里。在中国，我是个初来乍到的新手。在写作方面，我已经被远远甩在本土作家之后了。每天，我都在摸索在中国创作需要哪些技能，然后苦苦磨炼这些技能。

我们中大多数人从事的都不是个性化职业，工作环境也并非一成不变，因此无须耗费两万小时乃至更多时间苦练技能。但从某种程度上说，我们提升自我、获得成长的困难反倒更大了，因为我们未经专业训练，没有专家为我们指点迷津，也很难获得他们的反馈，想要成长就变得很难。

近期有本极具影响力的书，告诉人们如何成长。书名为《看见成长的自己》，作者是斯坦福大学心理学家卡罗尔·德韦克（Carol Dweck）。书中，作者阐述了一个人的思维模式对自我成长有何种影响：

历时 20 年的研究表明，思维模式会深深影响一个人的生活方式，还会决定一个人是否能成为想要成为的那个人、能否完成自己认为有价值的事。

我见过很多强烈想证明自己能力的人，不论是在课堂上、工作上，还是人际交往中。在所有情况下，他们都会对自己的智商、特点或是性格产生怀疑。他们每次都会去判断：我会成功还是失败？我看上去是还算机灵，还是有点儿蠢？我会被接受还是被拒绝？我会赢还是会输？

而另一种思维模式则认为，个人特质不只是赖以生存的手艺。"成长式思维模式"认为：一个人的基本特质是可以通过努力培养的。[64]

这一"成长式思维模式"极具影响力，因为该模式能激发人们提升自我的激情，而非从外部寻求他人的认可。有这种思维模式的人不会因为失败而沮丧和懊恼，而且也不会认为自己真的失败了。他们会把失败看成学习的机会。

查尔斯·达尔文也没你那么忙

在我人生中的大部分时间里，我都以为繁忙是件好事。好比做高管猎头的那段日子，我分分钟都在为全球各大企业网罗人才。这些精英有可能对企业产生决定性作用，我的助理把我的行程安排得满满当当，不是人才面试，就是客户会面，要么就是火急火燎地去赶飞机。那时，如果我不在开会，就一定是在处理商务来电，要么就是在处理海量的工作邮件。

因为公事，我奔波于美、欧、亚三大洲的繁华都市，却极少有机会停下来体验当地的风土人情。我本以为忙起来是好事，因为工作忙表示我还是做了一些事。所以，每当朋友问候"最近还好吗"时，我都会满怀成就感地答道："忙着呢！"

但公务繁忙并非百利而无一害，单纯地重视成效的繁忙会阻挡创造力与好运气。如果我们只是兢兢业业，全身心朝着一个方向努力，那么我们可能会与通往成功的其他道路擦肩而过。

正如霍华德·舒尔茨那次改变命运的米兰之旅，其实那些好运降临的顿悟时刻往往在我们繁忙的工作时光*之外*。

有一件幸事发生于 1870 年，法国一位名叫斯蒂芬妮·达赫尼耶（Stephane

Tarnier）的妇产科医生漫步于巴黎的一个动物园。他正在观察孵化器中的小雏鸡。突然，他灵机一动：何不给人类新生儿做个类似的孵化器呢？由此，他雇了一名鸡场主，造出了婴儿保温箱，新生儿死亡率得以降低28%。[65] 现代的育婴保温箱就源自一个半世纪前达赫尼耶的那次动物园之行。

在《慢活》一书中，作者兼获奖新闻记者卡尔·欧诺黑（Carl Honore）曾告诉读者他为什么现在会称自己为一位"已康复的速度狂"：

> 快与慢不仅仅描述变化的速度。它们是生活方式或处世哲学的缩影。快就是：繁忙，控制，强势，匆忙，多思，压力，肤浅，不耐烦，打鸡血，重数量轻质量。慢则相反：冷静，细心，欣然接受，平静，直观，不慌张，耐心，反思，重质量轻数量。世间一切都是关于在人、文化、工作、食物等万物中建立真实、有意义的联系。有时慢并不总意味着真的慢。[66]

对于那些从小就被灌输要拼命工作的人来说，要蒙眼闯天下简直易如反掌。他们的工作只是在各个会议间疲于奔命，而闲暇娱乐往往是走马观花一日游，他们在热门景点门口留下"到此一游"的自拍后，就急急忙忙地挤上旅游大巴奔赴下一个景点。与人碰面，游览城市，体验生活，如果不全情投入，又不渴求新知，则并非难事。而要花费数年，疯狂加班，死命攒钱，或是拼命晋升，亦非难事。然而，当今世界一直在变化，缔造伟大的成本见涨，而且竞争压力也会从四面八方涌来。

沉迷于社交媒体无法自拔只会让局势变得更糟。

我们正处在人类历史上前所未有的信息大爆炸时代。每一天，我们都需要时不时地从忙碌中跳脱出来，给大脑以孕育远见的空间，给可能改变我们生活的重要人物以关切。只有当我们为自己松绑，拥抱未知和意外时，机会从天而降的幸运时刻才会不期而至。

当我们没那么忙碌的时候，我们很可能会办成更多的事情。这是因为我们大脑的工作机制所造成的，正如斯坦福大学历史学家埃里克斯·秀骏金庞（Alex Soojung-Kim Pang）向《科学美国人》杂志解释的那样：

> 重要的是我们要意识到，当我们任由自己的思绪飘飞，当我们的思维不需要集中于某项特定的事情的时候，我们的大脑其实是很活跃的。比如，当你散步的时候，你的潜意识其实一直在运转并且试图解决问题。让思维稍微放松一下，可以让我们更好地整理思路，并且想出不同的解决方案。一旦你想到了一个靠谱的方案，那就是你脑海中那灵光乍现的时刻！我所观察的人们都会在日常行程安排中增加一些像这样让大脑得以放松的时刻。[67]

我一直是个满怀抱负，想要在最年轻的时候就成就一番大事业的人。而今回望过去，我才发现，那些奠定成功之基的幸运时刻往往发生在我不再被工作奴役的时刻。

历史上很多最独特、最有价值的人才往往还没有你我这么忙碌。就拿历史上最有影响力的生物学家查尔斯·达尔文（Charles Darwin）来说吧，在秀骏金庞的著作《休息：为什么少干活可以完成更多工作》中，他写道：

在晨练和早餐后，达尔文 8 点钟在书房开始工作。工作一个半小时后，9 点 30 分时，他会读早报、写信。10 点 30 分时，达尔文重新继续一些更重要的工作。有时候在做实验时，他会到自己的鸟舍、花园或者其他某个建筑里。到中午，他会说："我今天做了很多工作。"然后到外面去散步很久。一个多小时之后，他回来了，就去吃午饭、回信。下午 3 点，他会午休，睡一个小时，然后起来再去散步。直到 5 点 30 分才回到书房，与他的妻子爱玛和家人一起用晚餐。按照这份时间表，他写出了 19 本书，其中就包括科学史上最著名的作品《物种起源》。这本书至今还影响着我们看待自然和自我的方式。[68]

你留意到没有？我们所认为的达尔文的"工作"时段一共有三个 90 分钟。

这并不是说达尔文不在意他的时间。相反，当他航行世界的时候，他给自己的姐姐写信说："任何人如果敢浪费哪怕是一个小时的时间，那这个人就没有发现生命的价值。"当他在思考是否要结婚的时候，他很关心的问题之一就是"婚姻会消耗时间，晚上不能读书了"。[69]

秀骏金庞研究了世界上最多产的科学家、数学家、作家、艺术家、小说家、画家、雕塑家、天文学家和心理学家，发现了他所称的"'创造者'的悖论"。他们的创造力和生产力并非苦苦耕耘的结果，而是惬意偷闲的产物。大多数人每天只花 4～6 个小时在真正的工作上。相反，在一个对科研人员的研究中，那些每周工作 60 个小时以上的人是生产力最低的。秀骏金庞因此推测，要想真正理解世界上最有创造力的人们是如何做出成绩的，关键不仅在于了解他们如何工作，更在于他们如何休息，以及衔接工作和休息的方式。[70]

我们如何将这项研究与自己的生活相结合呢？如果明天，你要告诉你的老板，因为这个研究，你决定每天抽出一些工作时间来散步和睡觉，那你肯定周末就会被炒鱿鱼的。

这是我们所处时代的悖论。在提高生产力的压力下，公司给员工施加压力以加速生产。但是，为了成为更有创意的人，我们必须找到一个慢下来的办法。我们必须学会将工作和休息有机结合，以使自己更加有创意，生产力更高，也更快乐、更幸运。

互联网如何改编我的大脑程序

长时间的小憩和花园漫步一定不是我们和创意天才之间唯一的不同。在他们每天花在工作上的几个小时里，他们一定还做了一些让自己**效率爆棚**的事情。他们的秘密是什么呢？

几个月前，我十分困扰，因为在我自己的工作中，我的确是**效率极低**。

当时，我每天花十多个小时在这本书上，或者说是达尔文工作时间的两倍。但是，我几乎没有完成任何事情。坐在电脑前工作，我总是时不时要刷一下网页。在我还没意识到的时候，我已经在看一些萌猫视频，或是在评论别人晒出来的诱人刺身拼盘了。或者，我自己在社交网络上发了些有意思的事情，然后忙于反反复复地回复朋友的评论。等我反应过来，我会挣扎着把思绪拉回工作上，但很快又要被朋友们频繁的微信消息或是商务邮件打断。

说真的，在寻找许多不同话题的有关信息时，网络已经成了我不可或缺的工具。想到达尔文当年还没有网络，无法借此了解世界上的信息，我更是被他的成就所震撼。可是，我和达尔文还有一点不同：我的网瘾很大，大脑一度处于长期过度活跃的负荷状态。我的注意力被切成千千万万个碎片，哪怕就几个小时的工作，大脑也无法聚精会神地完成。情况日益恶化，甚至妨碍到我完成这本书的写作。

当我意识到问题时，我慌了。我不禁想：我是已经丧失了思考能力吗？

后来，我看到一篇题为《谷歌让我们变笨了吗》的文章，发现该文很好地道出了我的窘境：

过去的几年中，我一直有种不舒服的感觉，好像有什么人或什么东西在修补着我的大脑，重置着神经元回路，改编着记忆。我能感觉到这不是我的大脑在自行运转，但它的确在变化。我的思维模式大不如前。这一点，在阅读时感受最强烈。以往，要沉浸在一本书或是一篇长文中很容易。我的思绪能够追随书中的叙述或者论点而转变，并且我常常会花数个小时阅读长篇的散文。而今时不同往日，我的注意力往往在短短两三页后就开始游离。我变得易躁、没了头绪，开始找别的事做。我感觉自己好像一直在拉扯自己任性的大脑，想把思绪拉回文本上来。就这样，以往自然而然的深度阅读成了费力挣扎的拉锯战。[71]

我意识到自己得采取"网络节食"的手段了。我逼迫自己关网阅读或写作半小时，之后奖励自己15分钟刷网的福利，可以用来看看新闻，或是查收一下邮件或微信。有时，刷网福利的时间可以延长到半小时，但任何时候，我都要保证每个小时中，要用至少半个小时进行深度思考。

"网络节食"最开始那几天，我始终有些焦躁难安，就像个毒瘾发作的瘾君子。但之后，奇妙的事发生了。我感到思绪渐平，大脑又正常运作了。循序渐进，我慢慢延长了关网的时间。目前，我计划每天都要增加至90分钟的深度阅读与思考的时间。有时，一个半小时后我会上一小会儿网。其他时候，我深度工作的时间往往延长至两个小时乃至更长。而上网时间的大幅削减，让我不再刷那些搞笑视频，不再点评别人晒的美食。目前，我的社交媒体互动聚焦在对我而言有意义的内容上。

然后，你知道吗？戒了"网瘾"，天可没有塌下来。虽然我不再对友人的日常如数家珍，但需要联系我的友人还是能联系到我。我的"网络节食"计划不单促成了本书的完成，还产生了其他意想不到的效果。不仅提高了自己的效率，轰炸我可怜的大脑的数据也减少了，压力减轻，更加放松，我感觉现在的自己有了真正思考的空间。我的大脑已经回归正轨了。目前的我正享受着"网络节食"的成效，也计划要把短期的"网络节食"变为自己长期的生活方式。

潜心深度工作

原来，存在过度活跃、极易分心状态的不止我一人。2013年的一份调查报告显示，世界各地的12 000名白领中，66%的人难以集中精力做一件事，70%的人在工作中，并没有规律的时间进行创新或战略性思考。[72]

计算机科学家卡尔·纽坡特（Cal Newport）在其专著《深度工作：在纷扰的世界专注成功的法则》中把我们所有的工作做了如下区分：

深度工作：处于无干扰状态下的专业活动，能趋近你认知能力的极限。深度工作会产生新价值，能提升你的技能，难以复制。

浅度工作：无意识的指令下的机械任务，往往在分散注意力的同时完成。浅度工作不会为世界带来多大新价值，易于复制。[73]

纽坡特的核心观点是："进行深度工作的能力日益罕见，而恰恰是在这时，这种能力正在市场经济环境中变得愈发珍贵。结果，那些为数不多的能进行深度工作并将其作为自己事业核心的人，才能脱颖而出。"

因此，这便是世界的少年天才和创意大师的秘密：他们工作时，都是在深度工作。

为什么浅度工作成为我们当中很多人人生中的顽疾绝症？纽坡特认为，罪魁祸首是社交媒体。他表示，社交媒体有个潜在的交易规则，即"你赞了我的动态，那我也得赞你的动态"。通过这一潜规则，社交媒体催生了大量无意义的内容。他还援引神经学研究佐证："越来越多的迹象表明，从深度工作状态转到浅度工作的趋势难以逆转。节奏快速的浅度工作累积到一定时间后，会长期削减你深度工作的能力。"[74]

解决方案不仅仅是要控制上网的时间，更要把这些时间用在有意义的工作上。《纽约时报》专栏作家大卫·布鲁克斯（David Brooks）曾写道：

如您想打赢这场注意力大战，别试图对那些如同大杂烩一般的信息带来的琐碎的干扰说"不"，试着对那些引发强烈渴望的事物说"好"，从而排除掉其他事项。[75]

我们往往对自己大脑的掌控力、对人生的掌舵力熟视无睹，其实只要我们意识到自己在何处倾注了注意力，我们就能掌握这些能力。我们是谁，我们在想什么、我们感受如何、我们在做什么，这一切都是我们专注于什么的产物。

让我们都竭诚专注于有意义的事物上来吧。归根结底，那才是有所作为的唯一路径，也是好运找上门的唯一路径。

行　动：

· 利用所在岗位，每天都努力学习成长一小点。

· 对自己在市场中的真实价值保持客观。想方设法地磨砺自己的最佳才能，在市场中，打磨特性，自我增值，从而成为一个有棱有角的人才。

· 安排安静独处的时间，放空大脑。散步、独自乘车、运动锻炼……你可以做任何不需要全神贯注的事情。大脑有时会下意识地自动整理和分析自己获得的信息，然后创新组合出新观点。

· 清楚你投入在深度工作与浅度工作的时间，然后规划你的日程，安排更多深度工作，挤掉浅度工作。

How to get lucky in life

第 **9** 章

在跨界
领域工作

当年做通信的没有我懂互联网，做互联网的没有我懂通信，所以我做起了当时的 QQ，包括现在的微信。这就是抓到了一个跨界的点。

——马化腾，企业家[76]

既然幸运时刻产生于不同领域的跨界，那么想在职场中撩到好运，你就得在跨界领域工作。

"跨界"一词，可以指任何两个或两个以上领域的交会处，这些领域涵盖文化、行业与职能等方面。"行业"与"职能"是人力资源术语：行业指企业的同类聚合，如制造业或零售百货业；而职能指个体扮演的角色，如市场营销或财务会计。

幸运存在于跨界领域，原因有如下三点：

跨界领域竞争少

许多人把自己的职业生涯彻底局限于某个行业或某种职能。想要进入该行业或职能部门的金字塔尖，通常会面临十分激烈的竞争。长期留在某个行业内或服务于某种职能，你就要跟那些技能、经验和人脉都比你出众的人竞争数十载。

在跨界领域，竞争反倒小得多。以我个人为例，我目前在中美两国的跨界领域工作。相较于仅在美国或中国工作的人而言，在中美跨界领域工作的人要少很多。这是好处。不过，也有坏处——那些与我一样在跨界领域工作的同行，似乎更具企业家精神，更加才华横溢，更似拼命三郎。因此，尽管在同一跨界领域的竞争者较少，但竞争依旧存在，这依旧让人感到不安。

在中美两国的跨界领域，我的立足之处是媒体内容创作，而在这方面的竞争更为激烈，因为在媒体行业，有双语文化背景的同行一抓一大把。

在中美媒体内容创作这一亩三分地上，更具体地说，我是在中国工作的美籍作家小群体中的一分子。大家都身手不凡，许多人的中文说得出奇地溜，深谙双语文化之道，在中美两国都如鱼得水。与他们共处时，我总会被他们流畅的中文惊掉下巴，更觉自己的中文相形见绌。此外，他们的创作速度大多都比我快，也比我顺畅。每年，他们都会面向美国读者推出中国题材的文章、随笔和书籍，其产量之高让我惊讶不已。要拼过这些人，实非易事。

所幸，我并未选择和他们竞争，因为我真正从事的创作，算是处于中美跨界领域一隅，即美籍作家为中国读者创作畅销书。据我所知，我是这一隅唯一的作家。你可能会说，我是当今面向中国读者的作家中最差劲的美国作家吧。拜托啦，人家明明就是当今面向中国读者的作家中最出彩的美国作家好吗！

好啦，玩笑就此打住。我只是想让读者明白我作为作家的优势所在。放眼望去，其他人都还在摸爬滚打，拼尽全力想杀出一条血路，而我却无须焦虑如何比其他人效率更高、创作成本更低、工作质量更好，因为我所在的领域中，唯一的竞争对手就是昨天的自己。

在这一隅，我不仅傲视群雄，而且顺风顺水。作为一个美籍华人，能有幸回到祖国工作，我已十分感恩。能用我儿时习得的中文工作，我的心底不禁涌上一股暖流。从小到大，我都生活在美国。作为华裔，我无时无刻不在两国的文化鸿沟中穿行。而在历经数十年的漂泊之后，能回到中国工作，我感到我的人生终于得以圆满。

不论你是否决定在某个跨界领域找到那独特的一隅，重点在于，任何跨界领域都好过广而泛的整块领域。

跨界领域蕴藏着巨大的机遇

除了竞争较少以外，在跨界领域工作的第二大优势在于，在这个瞬息万变的世界里，重大变化通常出现在跨界领域。

人类生活在地球上的漫长岁月中，我们对这个世界、对生活方式，以及如何满足自己的需求都有了更深刻的了解。时至今日，我们的知识已经到达了这样一个临界点：在许多学科领域里，能发现的重大成果都被前人挖掘出来了，而未来的新发现大部分都会出现在新兴的学科中。

不论是科学还是技术，未来的变化都将出现于跨界领域：如机器人学与人体解剖学的跨界领域，社会传播学与计算机技术的跨界领域，有毒污染清理与群体机器人学的跨界领域，理论学习与技术应用的跨界领域，技术应用与所有学科的跨界领域。

　　世界最大的科学发展协会——美国科学发展协会（AAAS）名誉退休 CEO 兼前《科学》杂志执行出版人艾伦·莱施纳（Alan Leshner）曾断言："单一学科已经消亡，不复存在。重大的科学发现往往牵涉多个学科。单枪匹马发表论文的情况已经变得越发罕见，不同学科背景的多个作者合著论文的情况则越来越多。"[77]

　　你的技能可以转化为某一机构或组织中的某一职能，如财务、销售或行政，但在选择公司或机构的时候，最好选择那些跨行业企业，然后加入或组建一个处于跨界领域的团队。在跨界领域，将有许多让你的事业扶摇直上的机遇等着你。

在跨界领域更能激发新的机会

　　跨界领域能为你带来好运的第三大原因则是：当你接触两个或两个以上的领域时，现有概念会相互碰撞，迸发出无限可能。

　　我发现，如果你找到了联结两个乃至多领域的独门秘籍，你将触发一系列前所未有的事件，因为你是这些新发现的核心人物，你也将成为见证新机遇的第一人。同时，因为这些新发现源自你的激情，与你的经历息息相关，所以由此萌生的机遇也是为你量身定做的。

我的处女作面世后，中国的街头巷尾都在热议"剩女"，以及婚姻在人生中的角色、如何释放潜能、过上幸福美满而富有激情的生活等话题。一向猎奇求新的时尚媒体也循味而至，他们拍摄并专访我和我快乐的家庭。多个电视脱口秀、电台节目也纷纷向我发出邀请，请我讨论相关话题。我的高出镜率也吸引了一些企业赞助商，他们邀我给他们的高管做演讲、给他们的客户录制视频或者传递其他的鼓励的信息。

这些机遇都是为我量身打造的，因为我给为我带来机遇的作品里倾注了我的激情，并且来自我自己定义的跨界领域。

在这个瞬息万变的世界，创造价值与新意的最大源泉就来自不同世界的跨界领域，而在跨界领域进行创新的个人或团队都将给世界带来巨大的改变。

跨界领域，是竞争寥寥无几处；跨界领域，是机遇藏身处；行业跨界领域，是星火燎原处。在那里，有为你量身打造的新机遇在等待着与众不同的你。

行　动：

· 列出你曾经一度涉猎且为之满怀激情的所有行业、文化与技能。其中，相互关联的行业、文化及技能间，哪些是你乐于探索且位于跨界领域的呢？

· 找出让你兴致盎然的跨界领域，然后进行研究，探索在这些跨界领域
  工作的群体有哪些、他们在做哪些项目、你能从他们的经验中汲取哪
  些知识，以此开拓你自己的跨界领域。

How to
get lucky
in life

第 **10** 章

让创造力
满血

我永远不会想象自己只是在做一件事情，我很确定我最终会同时做四五件不同的事情。我想要变成一个多才多艺的女人。我想要画画、写作、表演，我就是想做所有的事情

——艾玛·沃森（Emma Waston），演员 [78]

要在跨界领域取得成功，就得想方设法让创造力满血。

创造力是当下重要的热门词语。研究人员曾提到，创造力是 21 世纪获得成功所需的首项技能。[79] 无独有偶，商界也有类似的观点：IBM 曾针对全球 60 个国家的 1500 名顶尖企业高管展开一项调查，结果显示，创造力是商业制胜的关键。[80]

在大众眼中，创造力自带神秘色彩，若非与生俱来，就无处可得。言外之意好像说，创新人士独特且"另类"，诸如艺术家、作家，还有那些总戴着古怪眼镜的科技狂人。

这简直是一派胡言。

虽然我现在成了作家，但我小时候，我真是连创造力是什么都不知道。在很多年里，无论是英文还是中文，我甚至都写不出连贯的句子。如今，我的创造力之所以有所提升，靠的是多年来丰富的生活体验。我热爱学习，热衷于将所学的知识融会贯通，并在此基础上加以创新。此外，我成为作家，不是因为我有创造力。我成为作家，是因为作家这个头衔能敦促我，给我压力，使我进步，让我的粉丝不至于感到厌倦，离我而去。

创新人士并非其他人，创新人士是**我们所有人**。只要你能用自己独特的方式行

事，既不失趣味，又能得心应手，那么你就算得上是创新人士。生活中很多事也许并非严格意义上的艺术创造，但这并不影响你发挥创造力。如果你是老师，那么课堂就是你的画纸，而精心备课则是你的画笔；如果你是烹饪爱好者，那么厨房就是你的画纸，而秘制调料则是你的画笔。你有自己的天性，只要你能在社会给你设定的框架外展现自己的天性，你就已经成为一名创新人士了。

要撩到好运气，必须释放你的天性，培养你的创造精神。

探索新的文化

想要获得新颖、独创的点子，先得有足够丰富的阅历。最行之有效的方法是：忘掉自我，在不同文化间穿行。

创造力与发明领域的研究先驱唐纳德·坎普贝拉（Donald Campbell）通过观察发现："脱离原生文化环境的人或是完全沉浸于两种或多种文化的人，似乎更有优势，会从多个角度看问题，因此，他们更有可能创新。"[81]

人们常问我应不应该出国留学。我告诉他们，去另一个国家待一段时间无疑是好事，不过，如果出了国还只是成天与华人混在一起，依然吃着中餐，混迹于国内的社交媒体的话，那就另当别论了。只有彻底脱离原生文化，全身心融入其他文化中，才能得到创新优势。

坎普贝拉的观点表明：融入两种或多种文化不单单能让你从这两种文化的视角去看问题，它还能打开僵化的思维，让你不受任何观点的束缚。经常从多个视角去看待同一个问题，你就能更好地从多元视角去审视一切。

我们所说的在不同文化中游走，不单指以地理范围区分的文化。文化的范畴应该延伸至经济阶层、专业素养乃至组织机构等方面。越是能接纳多元思维，就越能开拓创新。创新人士能抛开陈见，会有出其不意的联想，得出颇有见地的看法。

正因为我这辈子一直在跨界——跨文化、跨行业、跨阶级、跨地域，所以我才成为作家，才成就了今天的我。

脱离原生文化融入新的文化实属不易，但却着实有效。最具创新头脑的往往是那些所谓的"局外人"，包括移民群体。说他们极具创新头脑，一方面离不开他们局外人的身份，同时也少不了他们身为局外人的经验。2016 年，美国出了七位诺贝尔奖得主，其中六位都是移民出身。在他们之中，诺贝尔化学奖得主 J. 弗雷泽·斯托达特爵士（Sir J. Fraser Stoddart）出生于英国苏格兰，2011 年才成为美国公民。他将自己的科学发现归功于自己的移民身份："我十分主张全体学者的共同进步。如果你和我有同样的主张，那这将是学界最大的幸事。以往，科学家分据各国，各行其是。那样的时代早已终结。"[82]

的确，移民推动了美国今日的创新。"新美国经济伙伴关系组织"研究发现，2011 年，在美国有"专利大户"之称的顶尖高校中，获得授权的众多专利里有 76% 的专利至少有一位移民发明家的功劳，而这些移民发明家来自全球 88 个不同的国家。[83]

成为 T 字型人才

虽说跳出原生文化、完全沉浸在其他文化中是培养创造力最快的捷径，但这并非唯一的道路。要培养有创造力的头脑，只需开阔思维即可办到。

在进一步审视创造力的问题前，我们要把人才分为 T 字型人才与 I 字型人才。T 字型人才有特定领域的知识技能，好比英文字母 T 的竖线。而横线则表示，T 字型人才还具备更广博的知识技能。T 字型人才的技能习得来自不同视域的融合。对于文化环境或是行业岗位，他们可以全身心投入，也可以全身而退，人生好似开了挂。T 字型人才的好奇心无穷尽，永远都在探索自己领域以外的新鲜观点。

T 字型人才是创新的缔造者。

I 字型人才则是专业人才。I 字型人才通过专业学习成才。好比英文字母 I，I 字型人才的知识素养局限于特定的专业领域内。那些将"读哈佛，多干活"法则、一万小时法则奉为圭臬的人，在其选择的行业内，不是学习就是工作，不是工作就是学习，他们成了什么？专业人士。那些全力以赴、通过针对性练习在自己的领域精益求精的人呢？他们又成了什么？专业人士。专业人士通常与重大的创新发现无缘。专业人士就好比战壕里的防御兵团，默默地扩大现有战果，巩固已有的战绩。

大多数人都是专业人才，大多数企业根据机构需求而组织、聘用、提拔的也都是专业人士。成为专业人才是每个人的默认模式，确实，做专业人士也有它的优势。在专业领域做得越好，越能赢得他人的尊敬。当工作名片上的职务从助理升到经理，再到总监时，往往让人感觉人生轨迹理应如此，步步高升，最终走上人生巅峰。

不过，专业人士也有窘境。一旦经济转向，而你不再是急需人才时，等待你的就是炒鱿鱼、降职或是坐冷板凳。

的确，当今革新之风盛行。假设某天，某个领域因为创新而受到冲击甚至销声匿迹，专业人士难免会猝不及防、大惊失色。而要拓宽视野，专业人士又可能一辈子沦为职场"小蜜蜂"，听凭公司派遣，永远无法掌握自己的命运。此外，专业人士更无缘于机会从天而降的幸运时刻，这是因为他们不跳出自己的圈子去拓展人脉，不去拓宽视野，所以就很难遇到幸运时刻。

创造力需要 T 字型思维，创新人士都是 T 字型人才。因而那些最具创新精神的企业往往青睐 T 字型人才。T 字型人才不受限于心理学上所谓的"惯性思维"，即特定领域中解决问题的定式。我们可以拓宽多个领域的知识面，从而轻松跨越专业人士设置的"惯性思维"障碍。自我拓展后，我们能针对自身专业领域，提出新见解，也能全副武装，准备好在跨界领域做出贡献。

我们越是能适应不同文化、不同语言、不同职业、不同人群、不同思维方式，就越能质疑传统、质疑规则、质疑界限，也更能在他人忽略的领域找到答案。

乔布斯就是 T 字型人才

说到 T 字型人才的代表人物，非苹果创始人史蒂夫·乔布斯莫属。尽管乔布斯大学肄业，但这并不妨碍他成为我们这个时代最具影响力的发明家。《史蒂夫·乔布斯传》的作者沃尔特·艾萨克森（Walter Isaacson）把乔布斯称作"追求极致、充满创意的企业家，沉醉于个人电脑、动画、音乐、手机、平板电脑、数字出版六大产业的创新"。[84]

乔布斯曾在斯坦福大学毕业典礼上发言称，在里德学院读了一学期就退学是他做过的最疯狂也是最正确的事，因为退学让他摆脱了那些必修课的束缚。[85] 退学后，乔布斯还在里德学院周边混了一年半。一年半中，他旁听了很多课程，也打了一些零工。

在里德学院的教授眼中，那一年半来，乔布斯就是个身无分文、食不果腹的穷小子，前途渺茫。他常常打着赤脚，借宿在友人宿舍的地板上，还要向食堂讨饭来充饥。而乔布斯本人则认为，那一年半是他收获颇丰的时光。莎士比亚课教会了他人文主义思想，现代舞课程则造就了他对运动审美的见解，也为他日后替皮克斯公司设计的系列作品奠定了基础。[86]

不过，影响乔布斯最深的课程还是一门书法课，任课老师是特拉普派修道士罗伯特·帕拉迪诺（Robert Palladino）。他在课上不仅教授不同字体，还传授了如何构建涵盖文史哲以及宗教的思维框架，这些都有助于催生高品质的设计创意。[87] 课堂传授的思维方式更是给乔布斯带来了极大的启发，也塑造了苹果所倡导的品位定义："品位是致力于发现人类的美好所在，然后将其带入人类从事的各行各业。"[88]

也是在里德学院，乔布斯长期泡在图书馆，对东方哲学如痴如醉。离开里德学院后，乔布斯踏上了长达数月的朝圣之路，远赴印度求索印度教与佛教的启蒙。当19岁的他在旧金山机场落地的时候，因长期暴露在印度的烈日下，他已肤色黝黑，黑得连父母都认不出他了。[89]

佛教崇尚极简，而乔布斯的产品不论是简约的外观，还是简明的内设，都蕴含着佛家的极简哲学。22岁那年，乔布斯推出创新产品苹果电脑二代，其核心广告语即为"至繁归于至简"。[90]

日新月异、缔造价值的工作岗位往往需要人将各种技艺融会贯通，局限于单一领域自然无法练成百般武艺。世界所需的领导，应能从多元视域将资讯加以整合。要做领导，就做那样的领导吧。

沃伦·巴菲特投资的秘密

你可能会想：我当然想做 T 字型人才，但我哪儿有时间远赴印度，也没这闲工夫随处跳槽，更来不及重返校园，我要还账单！要还房贷！还要养孩子！忙死了！你也许以为，世界上最负盛名的股神沃伦·巴菲特应该是个工作狂，没日没夜地埋头奋战于错综复杂的数字表格和分析报告之间。如果你这么想，那就大错特错了。事实上，巴菲特还没你用功工作呢。

巴菲特本人曾计算过，自己 80% 的工作时间都在读书和思考。有人问他的成功秘诀何在，巴菲特指了指自己桌上的一摞书，回道："每天都读 500 页书，想要获取知识，就该如此。阅读的积累就像是复利。其实，每个人都能做到，但我敢说没多少人愿意这么做。"[91]

你理解巴菲特所说的复利这个概念吗？谢天谢地，我的房地产金融方向工商管理硕士学位总算派上用场啦！我来给你做个测试吧。

你会选择：

A：每天 10 000 元，赚个 30 天；

B：第一天 1 元，往后每天翻一倍，同样赚 30 天。

你会选 B 吗？那你就选对了！30 天后，选项 A 总计赚 30 万元。30 万元也不错，但跟 B 选项相比，那就差远啦。选择后者，你将获益近 5.4 亿元。我们谈的可都是真金白银！这样，你就能理解为什么金融人士常会谈及"复利的魔力"了。随着时间的推移，复利可以让起初微小的投资成长为巨额收益，因为你收获的利息可以利滚利。而巴菲特大谈特谈读书的好处，正是援引了复利这一惊人的本质。

如今，通用电气董事长兼 CEO 杰夫·埃米尔特（Jeff Immelt）与特斯拉 CEO 艾龙·马斯克（Elon Musk）大肆宣扬每周工作一百小时，巴菲特的方法似乎确实显得格格不入。但如巴菲特所言："碌碌而不知所为才是滋生危机的温床。"[92]

巴菲特的长期商业伙伴及书友查理·芒格（Charlie Munger）曾说道："巴菲特之所以能创造史上最成功的商业纪录，是因为他有大量的时间可以用来思考。"芒格认为投资的天赋更多是后天养成的，而非与生俱来。芒格将他与巴菲特的成功悉数归功于后天学习。他说："巴菲特和我如果没有时间思考，就都无法做出正确的决策。我们能做到果断决策，是因为我们此前已经用了大量的时间静坐、阅读、思考。"[93]

那么，巴菲特和芒格学习的内容是什么，他们又是如何应用习得的知识的呢？1994年，芒格在美国南加州大学商学院做了一次著名的演讲。在演讲中，芒格透露了他们的学习秘诀。演讲主题原定为选股秘诀，结果却成了关于知识习得的分享会。芒格指出，想要习得世上所有知识，这样的想法未免有点儿"压力山大"了。因此，他指出了一条捷径，这可以追溯到乔布斯从书法老师那儿习得的思维框架。

芒格的演讲片段如下：

要做到效益最大化，我们可以从核心学科中得到核心思路。核心学科包括物理、生物、心理学、哲学、文学、社会学、历史学及其他。收获到的核心思路，我们称之为"思维模型"。

接着，我们要用这些核心思路搭建起知识的思维框架，借用生动的实例记忆这个思维框架，并加以应用。如果只是试图记忆并回想零散、独立的事实片段，那么你将一无所获。如果事实片段无法融会贯通，成为理论框架，那么这些事实片段也将无法为你所用。

"知识的思维框架"是个很强大的概念。成长精进的过程，就是将所得经历融会贯通为思维框架的过程。芒格接着说道：

你也许曾注意到，有些学生只会死记硬背、生搬硬套，他们往往学业、生活皆无所成。

构建的框架必须是多元模型，因为如果只有一两个单一模型，人类的思维惯性会让你以为只要在现实中多磨合，这个模型一定能适用于现实，但那只是想当然。常言道："手中只有一把锤子的人，总认为所有问题都是钉子。"这么想的话，实在是很傻、很天真，而真的这么做的话，后果将不堪设想。因而，我们说构建的框架模式必须是多元的。[94]

法纳姆街（Farnum Street）博客就曾这样评价芒格的理论：

思维框架的核心原则是必须多元。理想状态下，你要有解决手上问题的一切模式。和物理工具一样，如果关键时刻你没有合适的思维工具，必然会招致失败。

当不同理念开始互相碰撞时，你就知道自己找到门道了。刚开始，这会让你觉得有些不适。一个声音说往东，另一个声音却说往西，要如何判断孰是孰非呢？

让不同的模式相互竞争，斗出个高低强弱来，这个过程就叫作思考！[95]

芒格被世界各地的精明投资者们奉为偶像，他在 2017 年股东大会上的讲话自然也是备受期待。他选择谈论如何提升自我：

我认为在自我提升这件事上，应该聪明一些。我通常都会努力抓住每个学科的主要观点。了解一些在你专业之外的好点子，真的很有意思。因此，如果你有这个能力的话，就一定要努力学习这种做法。我不会受到职业界限的限制。[96]

我们中大多数人都忙于生计，每天不可能空出六个钟头来读书、思考。但是，不管我们是谁——是在职场打拼还是为人父母，都需要每天挤出些时间学习、思考。如果你每天只能抽出半小时开拓思维，那么，你会如何运用这半个小时呢？是刷朋友圈、看剧、回复邮件、修改 PPT，还是用来提升自我，让自己更强大，撩到好运气？你会如何选择？

巴菲特与芒格的故事不仅告诉了我们学习的方法，还向我们展示了思考的途径。构建一个网格般相互交织的思维框架吧，这可能会成为你我的最佳投资。

给你的人生注入更多心流

创造力是知识与技能的结合体。我们需要大量的知识贮备来连接观点，而科学家发现，创造力的技能可以通过"心流"理论修炼出来。"心流"的定义如下："它是一种最佳的意识状态，在这一状态下，我们有最佳的感受力和最佳的表现力。"[97] 我们全身心地投入到当下的事物中，以至于有种忘我的幸福感，同时也忘记了时间。通过心流，我们能够完全释放自我的潜能。

心流理论最初是由研究幸福感的先锋学者米哈里·希斯赞特米哈伊（Mihaly Csikszentmihalyi）提出的。希斯赞特米哈伊 1934 年出生于匈牙利。"二战"期间，他还是个孩子，就被关进了意大利监狱。正是痛苦的监狱生活，让他首次体验到心流的状态。用他的话说："我发现，象棋是一种神奇的事物，能让我进入另一个世界，不知天地为何物。"[98]

心流状态不单是获得幸福的钥匙，还是保有创造力的要诀。哈佛大学心理与创造力专家特丽莎·阿玛比尔（Teresa Amabile）曾发现，人们不仅在心流状态中富有创造力，而且在走出心流状态后的两天时间里，生产力也有所提高。不仅创造力很好，还会更开心。[99] 这一发现意味着，心流状态不仅能即时提升创造力，还能长期提升创造力。

心流状态会极大地影响我们的大脑机能，让我们更具创造力。在心流状态中，我们的脑电波会减缓，进入一种类似于白日梦的状态。这一状态下，我们的大脑能快速穿梭于各个想法间，并快速重组这些想法。不只如此，心流状态还会关闭负责自律与抑制的脑前额叶。自我批评将变弱，创新冒险的冲动会加强，我们的想象力得以释放，可以畅想新的可能性，并将其与世界分享。

最后，心流状态还能引发肾上腺素、多巴胺、内啡肽、大麻素与血清素涌入大脑。这些都是能引发愉悦感、提升行为表现的化学物质，能让人吸收更多信息、扩展认知模式、展开横向思考，从而串联各种想法，提升创造力。[100]

要进入心流状态：

·你必须正在培养一份激情；

·你的技能必须纯熟到一定程度，能够在无意识的情况下，保持工作状态；

·你的技能必须是有延展性的，而非局限性的；

·你必须有独立自主的能力，能够以自己满意的方式有所创造。

综上所述，想要让自己变得更有创造力，就要想办法在生活中注入更多心流。剩下的，就交给大脑吧。

未来属于创造者，要有创意

我们常听到的观点是，多干活是成功的关键。然而事实上，往往很多人都会用力过猛。要富有创意、要撩到好运气，就得先摒弃一周 80 小时的推磨工作法，放慢脚步，投入到不同的文化与新鲜的体验中去，结识新朋友，拓展世界观。而且，每一天，都要求知若渴地学习、充实自己。我们的知识越广博，阅历越丰厚，我们构建的思维框架的效力就越强大，创新的根基也就越牢固。此外，我们给自己更多进入心流状态的机会，我们的大脑就能更好地运用多元的知识与经验，并以此催生出新颖的创意和解决方案。

行　动：

· 成为 T 字型人才，融入新的文化中去，孜孜不倦地从其他领域、行业和文化中汲取新观念。

· 每天抽 30 分钟阅读，培养全球视野。花些心思构建思维框架，把你所有的知识和经验都串联起来，缺少哪部分的知识就去补习哪部分。

· 回想一下心流状态是怎样的。那时，你做了哪些活动？其中，哪些活动是你满怀激情投入其中的？给你的生活注入更多的心流吧。

How to get lucky in life

第 **11** 章

利用弱关系
变强大

> 与其花两年让别人对你感兴趣，不如花两个月对别人产生兴趣，这样反而能交到更多朋友。
>
> ——戴尔·卡耐基（Dale Carnegie），作家[101]

现在你知道，想要获得好运气，就得培养同理心。想要获得最大限度的好运气，就要利用你的同理心去发展那些最有可能帮你撩到好运气的关系。

这就是我们所说的弱关系。

生活中所有的关系都可以分为两类：强关系和弱关系。强关系是指你的密友，那些你经常见到的人，那些你会给他们打电话的人。弱关系是指你的泛泛之交，那些你不常见到的人，那些你只会通过社交媒体联系的人，还有那些接到你的电话会觉得惊讶的人。

强关系固然好，他们使你的生活富有乐趣，给你情感和精神上的慰藉。置身于强关系中，你会有归属感。因为他们爱你，所以总想帮助你，就像一句英语谚语所说："A friend in need is a friend indeed（患难见真情）。"但问题是，尽管他们很想帮你，却常常心有余而力不足，因为他们有着和你相似的朋友圈，掌握的信息也都大体相同。

弱关系的作用则大不相同。大家都很忙，所以你们不常碰面。但恰恰是因为他们忙着过自己的小日子，和你没有太多的交集，他们才能拓展你的人脉、拓宽你的信息渠道。

弱关系对你的好运气有蝴蝶效应

强弱关系理论最早是由斯坦福大学社会学家马克·格兰诺维特（Mark Granovetter）提出的，他在 1973 年发表的《弱关系的力量》至今仍被奉为该领域的开山之作。他研究了当时跳槽的白领，发现在通过人脉成功跳槽的受访者中，17% 的人表示他们一周至少会和联系人碰面两次，56% 的人表示一年会见到联系人一两次，还有 28% 的人则表示一年只见一次或者不见面。也就是说，在帮助这些受访者跳槽的人中，超过 80% 的人都属于泛泛之交。[102] 神奇吧？格兰诺维特提到：

> 许多情况下，联系人仅处在求职者交际圈的边缘位置，比如一位大学的旧相识，或是之前的同事或雇主，双方仅保持着些许联系。通常来讲，这些关系在一开始就不是很紧密。对于工作上的关系，受访者几乎无一例外地表示，除了工作场合外，他们私下从不见面。而街边的一次偶遇或是共同好友则可以重新激活这段关系。那些存在感很弱的人反而成了关键信息的来源，这的确有些出人意料。[103]

弱关系对我们生活中的好运有着蝴蝶效应，因为他们可能掌握着关键信息，会给你带来新的工作机会，或者拓展你的人脉，又或许能帮你的公司迈向一个新纪元。此外，弱关系可以防止我们变得狭隘。格兰诺维特还表示：

缺乏弱关系的人，难以从社交网络的边缘获取相关信息，他们的消息面很窄，视野也局限于自己的亲友圈。这不仅会阻碍他们获取新的创意、了解前沿趋势，还会使他们在劳动力市场中处于劣势，因为要想实现职业发展，你就需要在对的时间，了解到适合你的招聘职位。

弱关系不仅对跳槽者大有裨益，它其实适用于所有人。以投资人为例，1998年，我从商学院毕业，企业家精神正大行其道，我的很多朋友都开始创业。与此同时，风险投资领域却显得异常神秘。为了避免引来竞争，风险投资和私募股权公司都对自家的投资策略守口如瓶，只通过自己特有的交易渠道来做投资。

而互联网则改变了这一切。风投资本家大卫·泰登（David Teten）与克里斯·法尔默（Chris Farmer）率先对150家风投和私募股权投资公司进行了调研。他们发现优秀的投资人现在都在用社交媒体来讨论当初需要坚决保密的信息。他们会与弱关系分享自己投资策略的细节，从而了解到本可能会错过的机会。这一成果于2010年在《哈佛商业评论》发表。

原因何在？就是因为交易流量。这些顶级投资人平均要评估80个机会才能最终达成一笔交易。要做若干笔投资，就得评估好几百笔潜在交易。为了找到最佳投资机会，许多人不再把搜索范围局限在自己的周边，而是会强势挺进世界其他地区。位于硅谷、纽约和波士顿的风投基金之所以能在业内脱颖而出，正是由于它们在别处的交易做得风生水起。[104]

那他们是怎么找到这些交易的呢？就是通过弱关系。

研究显示，科技行业的投资人在进行项目后期投资时，如果手中的投资组合在地理分布上具有多样性，那么它们就能独占鳌头。相反，专注于本地网络、依赖传统方法的基金，表现则最为糟糕。

两位风投资本家总结道："正因为新的关系对投资而言至关重要，相较于其他行业，这些公司才不得不变得更加透明。风投和私募股权对外开放，不再将自己封闭起来——这一趋势很可能是为了更好地发展。"[105]

你该如何利用全球顶级科技投资人的交易开发策略，让你的职业前景与人生熠熠生辉呢？

假设现在你要开发一条新的产品线，老掉牙的办法是上网查询企业名录，列出潜在客户的名单，然后给他们寄宣传册、打推销电话。

而更聪明的办法是关注你的弱关系，告诉他们你的工作近况，让他们来帮你。这就关系到格兰诺维特提出弱关系理论之后的四十年里，弱关系领域内出现的巨变——社交媒体的普及。想要保持和发展弱关系，最好的办法就是把你的人脉集结起来，努力在人脉网中促进信息交换。此时，社交媒体的作用就变得至关重要。

跨界领域的社交

在拓展人脉时，大多数人只关注与自身社交风格相近的人，或是那些我们觉得有能力帮我们解决某个特定问题的人。这并不可取。

想要成为一个充满活力和创造力的人才，你就要尽可能多地整合各种观点，发展你的弱关系。在这一过程中，要有意识地辨别和接触那些和你不一样的人。他们和你有着不同的性别，有着不同的文化背景，年龄、专业和视角也不尽相同。

有些弱关系的优势很明显。如果你的弱关系仅限于同一社交圈里朋友的朋友，那它的作用就比不上各种不同的社交圈里的弱关系。当你加入两个不同的社交圈时，就成了社会学家口中的"桥梁"。这样一来，你就处在一个强有力的位置，成为一条将不同圈子中的信息和世界观连通起来的渠道。

不妨想一想，一群"码农"整天都聚在一起玩电子游戏、聊IT。他们在同一个微信群里，对科技界的近况都了如指掌。而这个社交圈里有一两个边缘人物，他们在科技方面不见得那么跟得上潮流，但在其他某些领域则颇有建树，比如了解消费者市场。那么，这一弱关系就能在两个紧密的同事圈之间，架起一座关键的桥梁。

是不是听起来很耳熟呢？没错，这就好比是跨界领域的工作。在跨界领域拓展社交，这正是你现在应该做的事情。

而社交媒体使得所有的这些互动变得更加快捷、有效。1991年，我刚毕业踏入职场时，信件和通知都是用平邮或传真来传递，大型文件需要紧急递送时则使用快递。但现在，网络上的弱关系铺天盖地。身处微信时代的你，实在应该庆幸——好好利用它吧。刷刷你的朋友圈，尤其要关注你的弱关系。看看他们在做什么，向他们表示祝贺，或是直接私聊问好，评论下他们的工作。当你非常喜欢某人的想法时，不妨与你的朋友分享。现在就行动起来，成为一座架起不同想法的桥梁，打造出自己的名号来。这样，下次谁有个有趣的职位，第一个想到的就会是你。

你也可以和不相熟的人搭话

你的情况我不了解，但于我而言，这些年发展弱关系时，最大的挑战就是想办法和那些与我不同的人搭话。确实，小时候让我头疼不已的就是这个问题："你到底该怎么跟白人聊天啊？"在历经四十年的探索后，我给你以下两条建议：

（1）做个 T 字型思考者。想要在对话中做到谈吐自如，你必须拓宽你的知识面。慢慢地，你会发现不管是什么话题，你都能说上一两句。或者，最起码你对任何事都能问出聪明的问题了。

（2）问个人的问题。当你刚认识某人时，要聊一些他想聊的东西。谈话的 80% 都应该以他为核心，而不是你自己。弄清楚他的兴趣点在哪里，然后投其所好。你会发现，每个人都是有意思的个体，都是有故事的人，而且每个人都喜欢谈论自己。

所以，下次遇见不太熟悉的人时，无须有压力，不必刻意表现自己。把自己想成一个记者，或是人类学家，或是一名猎头——这也是我的老本行。仔细观察对方，然后问问题。有了问题，对方就会打开话匣子，聊着聊着就会开玩笑。开着开着，你俩的关系就亲近了。

别忘了，倾听时一定要全神贯注，不能分心。

久而久之，你会发现，在结交陌生人时，你变得更加得心应手，甚至觉得这是一件好玩的事。

弱关系成就了我的事业

我的每一个机会从天而降的幸运时刻都来自弱关系。如果 20 多岁的我不曾给政府做志愿工作，仅将社交圈局限于和我同龄、背景相同的人群，我就不会遇见胡泽群前辈，也就没有机会担任副市长。

如果 20 多岁到 30 出头的我不曾结交商界的各色人物，就不会有猎头找到我，让我加入猎头公司。

如果 30 多岁时的我不曾创建博客，并因此认识许多中国留学生，就不会有人请我出书。

如果我在 20 岁、30 岁、40 岁时不曾拓展我的社交圈和职业网，将我在美洲、欧洲和亚洲遇见的那么多形形色色的人纳入我的社交圈，就不会成为这样一个思考者，成为今天的自己。

如果你的圈子里只有爱你的人，你固然会觉得很安逸，但这会限制你的事业，也会限制你的人生。弱关系能拓展我们生命的宽度，给我们带来机会从天而降的幸运时刻。

也许是时候联系那些被遗忘许久的旧相识了，去发现那些曾与你擦肩而过的机会吧！

行 动：

· 拓宽你的社交圈。参加一个俱乐部或是专业社团，开始发展人脉。

· 关注朋友圈里的人，了解他们的动态。当他们需要帮助时，及时帮
  一把。

· 定期在所有的社交媒体上更新你的工作、想法等动态。

· 利用社交媒体找到那些工作与思想吸引你的人，与他们互动。

· 与旧相识联系，重温日渐疏远的交情，认识那些生活与你不同的人，
  学会问问题。专心致志地倾听每一个人。

How to
get lucky
in life

第 **12** 章

结合激情与

意义

> 改变世界不需要魔法，所有的力量早已存在于我们心中。我们
> 本就有力量去想象更好的东西。
>
> ——J.K. 罗琳（Joanne Kathleen Rowling），小说家[106]

之前我们讨论过激情，即做自己所爱之事。要获得快乐与好运，激情不可或缺，但仅有激情还不够。如果你非让我享受一顿蟹宴，我会很开心。可如果你要让我早餐、午餐、晚餐顿顿吃蟹，一辈子"享受"这个，我一定生不如死。享乐很容易达到上限。其实，幸福不在于不费脑力的享乐，而在于有意义的挑战。

我们身处于一个很大的整体中，想要幸福，就要与它建立联结。我们需要"意义"，即造福他人的意愿。[107] 人生苦短，不能陷在毫无意义的工作里。我们得明白，自己的工作是有价值的。一个半世纪以前，俄罗斯小说家费奥多尔·陀思妥耶夫斯基（Fyodor Dostoyevsky）的这段话，时至今日，依旧应景：

> 若想彻底击垮、毁灭一个人，给予他最可怕的惩罚……只需让他做那种毫无用处、半点意义都没有的工作便可。[108]

人人都想要一份理想的工作，但什么是理想的工作呢？理想工作有两个必要条件——激情与意义。如果激情是指满足我们自己的需要，那么意义就是满足他人的需要。

你可能会想：人生已经如此有压力了，房子我也买不起，父母还要靠我养老，

自己都这么艰难了，难道我不应该在为社会着想前，先把自己的问题解决吗？

并非如此，因为如何赚足够多的钱，与如何将你的精神力量发挥到最大，方式其实是一样的：要明白如何利用你的才能去尽可能地创造世上最有价值的东西。使你充满激情的工作往往是你最具才能的地方，因此你的理想工作应该既是你最擅长的，又是这个世界最需要的。理想的工作会令你竭尽全力去改变世界，从而释放出你的潜力。当你发现自己每天上班都神采飞扬、兴奋不已，并有种强烈的事业归属感时，你便知道，这份工作就是你的理想职业。

许多人都觉得，以自我为导向和以他人为导向是相悖的，但那些走上人生巅峰的人其实二者兼备。他们既了解自己的需求，又懂得世界的需求，正因为二者兼备，他们才能撩到好运。品读任何一位成功者说过的话，你会发现，他们都提及自己的工作是怎样与外部世界相连的。作为一个多产的恐怖小说与科幻小说家，史蒂芬·金（Stephen King）的身价高达 25 亿元，他在书中写道："写作与挣钱、出名、约会、上床或交友都无关。最终，你的作品丰富了读者的生活，也丰富了你自己的生活，这便是写作的意义。" [109]

如果你所做的事没有意义，那就为它创造意义。我想与你分享我人生中的两段时光，其中一段时间里，我的工作本身就很有意义，而另一段经历中，我不得不为生活创造意义。

当我的工作本身就很有意义的时候

在我被委任为副市长后，上任的第一件事就是拜访洛杉矶的 CEO 们。我问了他们两个问题：

（1）发展公司业务时，他们需要什么？

（2）政府部门能怎样助他们一臂之力？

他们的答案令我和我的团队很惊讶。第一个问题的答案是，他们找不到协助公司拓展业务的专业人才。**但洛杉矶可是块吸引全世界人才的磁石**，我们很奇怪，**为什么 CEO 们会找不到需要的人才**？

我请南加州大学教育学院院长牵头，开展了一项针对洛杉矶成人教育水平的调查。

调查结果让研究人员都惊呆了。洛杉矶有 53% 的外籍人士英语水平低到无法填写工作申请表。来自中美和南美地区的外籍成人，有三分之一的教育年限不足六年。也就是说，他们不仅看不懂英语，连看西班牙语都有困难。

我们调查得知，教育程度的差距会延续三代。也就是说，这些移民的孙辈在教育程度上仍会被其他人甩出一条街。我们意外地发现，洛杉矶的经济发展面临着巨大的挑战：技能的鸿沟不仅阻碍了许多家庭的发展，还会束缚整个社会经济的增长，如果我们无动于衷，情况会一直持续下去。

我把这些发现告诉了我的欧美和亚洲的朋友，很多人都表示，这些问题与文化有关：**拉丁美洲的父母不像我们一样重视教育**。

已故的哈里·帕切翁（Harry Pachon）是一个拉美智库的知名领导者，也是我的好朋友。为了一探究竟，我和他采访了 1000 对拉丁美洲的父母，询问他们对孩子的期望。

我们问："你想让你的孩子上大学吗？" 97% 的人说，想。

我们再问："你认为你的孩子会上大学吗？" 只有 11% 的人给出了肯定的答案。我们问没有给出肯定答案的人，为什么不认为自己的孩子会上大学？几乎所有人都提到了花费的问题，他们觉得自己付不起孩子上大学的费用。

我们让他们预估公立大学的学费，他们答案的平均数比大学的实际学费高出了三倍。我们又问他们，是否知道政府会提供很多资助和贷款，帮助低收入的学生上大学。他们说没听过，而且也不知道怎样申请。

基于这项调查，哈里协助我发起了"上学无忧"（Cash for College）项目，召集西班牙语媒体、中文媒体和其他当地媒体，发布有关大学实际花费的信息，并指导有需要的家庭申请政府提供的多项财政补助计划。美籍华人、商界领袖胡泽群，以重要合伙人的身份加入，负责动员当地商界领袖，赢得他们的支持。我们把上千位会计师、律师和其他专业人士聚在一起，他们奉献出自己的时间，帮助洛杉矶的住户们填写其子女申请助学贷款的表格。

我在任时参加过多次倡议，但"上学无忧"尤其特别，它将我的激情与人生意义完美融合。很快，这个活动在加州其他城市也得到了响应。之后在时任州长阿诺德·施瓦辛格（Arnold Schwarzenegger）的支持下，该项目被写入了加州法律。许多得到帮助的孩子成了自己的大家庭里第一个大学生。这次项目的宝贵财富将在加州和世界代代相传。

可想而知，这份工作让我干劲十足。每天早上，我都会从床上跳起来，对工作满怀期待。我不仅有机会练习我最核心的激情所在，即把人和想法联系到一起，还能借此改善数百万人的生活。许多大人物都深受鼓舞，加入了我们，我的生命里从此多了许多了不起的新朋友、新伙伴。十年之后，其中一些人还和我共事、吃饭。

但有意义的工作总是难求。可能大多数时候，我们都会困在无意义的工作里。这种体验我也有过。

当我不得不为生活创造意义的时候

八年前的我，一直在原地踏步。高管猎头的工作优点很多。我客户的公司正面临许多有趣的战略性挑战。每天，我都要会见、评估许多有意思的高层人士。这工作的报酬也很丰厚，我赚的钱比以往任何时候都要多。这一点我很满意。

但是，每天结束的时候，我都会很空虚。我怀念做房屋委员会委员的日子，那份工作意义深刻，我为成千上万的人搭建、管理廉租房。也怀念做副市长的时光，可以让上百万人过上更好的生活。

我想，本质上，高管猎头的意义是帮大公司变得更大。这很难激励我。这不代表猎头工作本身没有意义，每个人对有意义的工作的界定都可能是截然不同的。

我环顾左右，试图找点儿事做。那时（2009 年左右），越来越多的中国大学生、研究生赴美留学。很多人来到了洛杉矶，就读于加州大学洛杉矶分校或南加大。我发现，他们中的许多人不仅是为了来此求学，也想通过在跨国公司实习、做初级工作，获取工作经验。但是，他们既没有来自父母的人脉，也没有相应的文化技能，所以很难拥有这样的机遇。

看到他们的努力，我深受感动。他们面对的困难，与我和我父母求职时遇到的困难如出一辙。我突然明白，作为一个高管猎头，我服务的跨国公司正是他们想要进入的。我的位置如此特殊，刚好可以帮他们牵线搭桥。

我联系到加州大学洛杉矶分校和南加大的中国学生联合会，开了几场免费的国际企业面试经验分享会。我喜欢在分享会上遇到的同学们，也想更好地帮助他们。因此，我创建了博客，告诉读者如何进入跨国公司、如何晋升。我把我的博客命名为"国际人才"（Global Rencai），它是英文和中文拼音的结合，我还请学生志愿者将我的帖子翻译成了中文。

在此期间，我还生了自己的第一个宝宝。所以，除了繁忙的工作，家庭生活也突然占据了我很多时间。不过，我还是热爱着我的小博客，每周都会特意抽出几个小时写东西、发博文。

奇迹就这样发生了。那些学生读者会在人人网上把我的博文转给好友。他们的好友又会转给自己的好友。就这样，你转我、我转你，我的博客访问量越来越多。我很受鼓励，感觉又回归有意义的生活了。比起做副市长时帮助的数百万人，中国留美学生的总数微不足道，但我爱他们，也希望他们成功。渐渐地，他们告诉我，在全世界的中国留学生中，我的博客阅读量是最高的。

就在这时，一个我从未听过的公司——中信出版集团的编辑给我写信，请我为中国女性写一本书。

那是我人生中第三次体验到机会从天而降的幸运时刻，而这一次，我又没能及早发现。相反，我觉得这个出版社肯定是疯了。毕竟，我是美籍华人，重点在美籍。我成长于中国家庭，这倒没错，但我也离家超过二十年了。在此期间，我已经完全融入了美国社会。我在中国待的时间很短，中文也说得磕磕巴巴。我怎么可能写出一本让中国女性受益的书呢？再说，我得忙工作，还要忙着照顾宝宝呢。

所以，我拒绝了中信出版集团（简称中信）。

一年后，他们又找到了我，这次换了新提议："当下，中国社会最关注的就是'剩女'问题。市场上急需一本鼓励'剩女'的书。这一年，我们找遍中国，就想找到能写这本书的人，但国内还真没有。能写的只有您。所以，请您务必答应。"

我收到第二封提议时，内心感慨不已。很多美好的女性往往选择了不适合她们的婚姻，这不仅会毁了她们的人生，也会毁了未来孩子的人生。如果可以的话，我很想帮她们变得更自由、更自信。

生活总是很奇妙。中信第二次找我时，我刚好在休产假，不必做猎头，也刚刚生下第二个宝宝，跟第一个一样，是个女孩儿。这也是打动我的另一个原因。我想要花时间思考所有的中国女性，包括我家里这两个未来的华人女性，会面临一个怎样的世界。

但是，我能写出有用的书吗？我还是将信将疑。我决定先做个试验。我在自己分享职场心得的博客上发了一篇题为《不要在 30 岁前结婚》的文章，概括了我要对"剩女"们说的话。这下，文章彻底火了，不仅在国外火，在中国也大受好评。新访客接踵而至，第二天，我的服务器就崩溃了。

这时，我才终于意识到，一个机会从天而降的幸运时刻又降临到了我身边。于是，我答应了写我的第一本书。

奇特而波折，这就是《30 岁前别结婚》背后的故事。

《30 岁前别结婚》热卖之后，好运气如滚雪球般向我涌来。各大时尚媒体都请我拍宣传照、做采访、写专栏。两家主流电影公司和我签了电影合约。视频公司纷纷请我做客脱口秀，甚至主持脱口秀。我还受邀担任一些公司的形象代言人。书商们争着要出版我的下一本书。

我找到意义的方式

出版《30 岁前别结婚》后，我得到了很多看似光鲜的新机会，一个我都不想拒绝。我每天疲于奔命，为时尚杂志撰文，上脱口秀，代言产品，还要了解很多别的项目。最消耗精力的是为《华尔街日报》中文版上的"陈愉专栏"定期写稿，这是我从小到大在美国最梦寐以求的报纸。

不久，我发觉我的时间变得很零散，总在处理一些随机的、别人发起的事情，没有在经营自己需要的东西。那是我第一次给自己写下《意义宣言》：**写书，并创造其他的媒介，来帮助中国的年轻人释放自己的全部潜力。**

这份《意义宣言》对我影响甚大，此后，我可以通过一个简单的测试，判断自己该怎样合理地分配时间。《华尔街日报》确实赫赫有名，我也无比享受写稿的体验，但它的读者群中，大部分仍是我在做高管猎头时接触到的那类人——并不怎么需要我的中年人士。而且，它占用了我太多时间、太多精力，成为我实现人生意义路上的绊脚石。

所以，我辞去了《华尔街日报》的工作。如果没有《意义宣言》，我绝不可能这么做，但唯有这样，我才能解放自己，去做自己想做的事情，包括写这本书。

有了这份《意义宣言》保驾护航，现在的我能辨别出哪些项目该拒绝。这样一来，当我发自内心接受一个项目时，就更容易成功。无论对我，对我的生意伙伴、我的家人，还是其他我爱的人来说，这都大有裨益，因为这意味着我每天都会很快乐，也能专注于自己理想的工作。

人们总说，我的四份职业有多么不同。就在不久前，我仍然对人生意义没有一个整体的认识。我总觉得自己是漫无目的地在机会间彷徨。只有在写这本书时，我才发现，其实我的人生意义一直都近在眼前。二十多年来，我一直在帮助他人**释放自己全部的潜力**。

唯一改变的只是我服务的人群。最初，我专注于洛杉矶的无家可归者，然后是洛杉矶那些受教育不足的人，接着是中国留学生，再接着是中国的"剩女"。现在，通过这本书，我又将关注对象定位成了中国的所有年轻人。

发现人生意义的过程也是发现自我的过程

多数人从未找到自己的人生意义，而对于那些找到了的人，他们的人生会变得极其有趣、圆满。人生的意义在于改变世界，改变世界也就意味着要打破现状。这就是乐趣所在。你会沉浸在比你浩大的事物里，然后从中找到真正的自己。

关注你能给予的。将重点从自己转移到努力为他人带去幸福与成功上来，意义就会随之显现，那感觉就像在说"我是为此而生"！

意义是一种完全主观的体验，就像这个寓言说的：

三个泥瓦匠在聊自己的工作。

第一个泥瓦匠说："我在砌砖。"

第二个泥瓦匠说："我在建教堂。"

第三个泥瓦匠说："我在为上帝修建一个家。"

有一天，身为演员和电视脱口秀女王的奥普拉在广播里讲述人生的意义，引发了我的共鸣。她边跟一位好莱坞名人聊天，边感叹："当你演戏的时候，讲的都是别人的故事。而电视最大的好处就是，你只用做自己！做自己就能变得富有！"

奥普拉能成为美国史上最成功的脱口秀主持人，节目风靡二十五年经久不衰，正是因为她找到了对的路。只做那个自然而真实的自己，就能创造价值。

的确，发现人生意义的过程，就是发现自我的过程。世上没有容易的答案，即使有，也不会合你的心意。既然你在这世上独一无二，那你找到的有意义的事也会和你自身一样纯粹又复杂。一切皆有可能。你追求的人生意义也许是帮助游客发现隐藏的文化景观，也许是发明抗癌的基因疗法，或是在申请住房贷款时，利用自动化程序减少填写文书的工作量。

你可以向这个世界贡献美好的事物。寻找意义的道路虽然曲折蜿蜒，但和你生活的一切过往密不可分。所有过往发生的故事成就了现在的你，塑造你的追求，告诉你生命的意义何在，这一切经历形成了你的自我认同。耐心点，如果你与多数人一样（包括那些走上人生巅峰的人），那你还需要花几年的时间去徜徉、去体验、去探索，一切都是为了去创造你的故事。

世界在变，你也在变，所以，即使哪天发现自己的人生意义不一样了，也别惊讶。对多数站在人生巅峰的人来说，他们的职业也并非一条路走到黑，而是随着世界的改变与新机会的出现而蜿蜒前行的。

从过去中搜集线索

你的生命中一定有过意义非凡的时刻，这些时刻就是寻找人生意义的线索。我做高管猎头时，要想了解一个候选人的动机，就会让他回忆几件他最有成就感的事。你不妨试试。这些成就可能来自你工作中的项目，或者源自你自己的生活，也可能是你帮助某人的方式。

就算你的故事并不传奇，也不令人印象深刻，但你过去的所有经历都能呈现出如今的你。我坚信写作的力量，它能帮人厘清思路，那么，对于你的每一项成就，请写下：

· 你帮助的人，
· 你的具体行动，
· 你带来的改变，
· 这件事对你的意义。

当你用几个故事完成这项练习后，复习一遍，分析它们呈现了怎样的你。你愿意帮助的人，或是令你有成就感的经历，又呈现出了怎样的模式？

利用你在上个练习中找到的模式，关注你的公司、邻里和朋友圈的人。发现那些尚未被满足，而伸出援手会让你有成就感的需要。选择那些处在不同领域跨界处的需要，可以是一个你熟知的领域和一个你希望加深了解的领域。

试着开始写点什么。一旦开始，我打赌你会找到许许多多能激励你为世界变得更美好而努力的理由。比如，去帮助那些因为缺乏人脉和文化沟通技能而得不到跨国公司实习机会的中国留学生。又比如，指导女性在事业上更进一步，改变很多公司没有一个女性领导人的局面。

你的公司其实就是寻找人生意义的完美出发点。大肆抱怨公司很简单，它应该更好地服务客户啦，工作环境应该改善啦，但如果你能想办法，做出让人眼前一亮的贡献，你就能利用现在的工作接近你理想的工作，或者甚至将现在的工作变成你理想的工作。

　　手头有了一份尚未完成的需要清单后，想想你该如何用自己的激情来满足这些需要。在练习的过程中，起草一句或两句话的人生《意义宣言》，表明你想帮助的对象和提供帮助的方式。不管你人生的意义是什么，它都必须能激励你打破现状。别把这份《意义宣言》想得太复杂，它不过就是你小试牛刀、持续实验的一份草稿罢了，这一过程我们下一章再讨论。

要有耐心

　　几乎对每个人来说，结合激情和意义的征途长达数十年。相信我，我能亲身体会那种沮丧感，看到那些抓住全球经济发展的时机而变得无比成功的人，心里不是滋味。在我人生二十几岁的时光里，我常常对成功的同龄人各种羡慕嫉妒恨。

　　作为前高管猎头，我了解到马克·扎克伯格（Mark Zuckerberg）之流是少数人，他们的职业和所处的时代环境完全吻合，我们其余人永远不会有相似的经历。

　　我们大多数人需要经历数年时间来摸爬滚打，来更好地了解世界和自我，然后不动声色地采取行动，一步一步变得幸运，最后才能获得梦寐以求的工作。

　　即使对如今十分成功的人士来说，也是如此。

　　我们都知道马云，他被誉为中国最伟大的企业家，但我们有时候会忘记他在35岁成立阿里巴巴前走过的蜿蜒而曲折的道路。他四次参加高考，最后就读于杭州师范学院。毕业后他申请了30个不同的工作，然而都被拒绝。他解释说："我去找和警察有关的工作，他们说'你不行'。我甚至想去刚在杭州开张的肯德基打工，二十四个人去找工作，二十三个人都被录用了。"[110] 只有马云没被录用，哈佛也拒绝了他十次。[111]

同样地，中国最厉害的天使投资人也是本书的序言作者徐小平也曾屡屡碰壁。徐小平 39 岁毕业于北京中央音乐学院，在加拿大做音乐，艰难为生，靠外卖 Pizza（比萨）来养家糊口，那时他刚从中国回到加拿大，发行自己的音乐，然而销量不尽如人意。后来他回忆说，那是他人生的低谷，他决心要让自己的人生充满激情和意义。"我没有工作，我也不想找工作，我只想寻求我人生的终极目标。"他说。[112]

就在此时，幸运眷顾了徐小平。一直以来，徐小平都在用心让自己和他人保持联系，因为音乐就是关于美好和搭建联系的。他一直都在跨界领域工作，不管是在音乐还是其他领域，抑或是在中国和西方，他都在全世界增强自己的弱关系。当然，他也一直在探索自己的激情和意义所在。

因此，当他十几年的老朋友俞敏洪去北美出差一周时，徐小平看到并抓住了这个机遇。那时，俞敏洪刚刚建立了一个帮助学生出国备考的学校，叫新东方。徐小平应邀加入新东方，为准备出国的学生提供指导。

接下来的事情大家都知道了。

你要有耐心。在你努力实现成功目标的同时，要敞开心扉，多去体验。在这个旅程中，体验学习的乐趣和感受快乐。

How to
get lucky
in life

第 **13** 章

创造世界
所需要的

我不是通过幻想或空想取得了今天的成就，我是通过行动取得今天的成就的。

——雅诗·兰黛（Estée Lauder），企业家[113]

回忆一下我们已经讨论过的步骤，要吸引机会从天而降的幸运时刻，就要做到：

· 扔掉陈旧的职业规划；

· 理解他人，与他人沟通；

· 培养激情并磨炼你的最佳才能；

· 打造特性，自我增值；

· 发挥你的最佳才能，打磨棱角；

· 潜心深度工作；

· 在跨界领域工作；

· 探索新的文化；

· 构建知识的思维框架；

· 给你的人生注入更多的心流；

· 利用弱关系变得强大；

· 结合激情与意义。

既然咱们都爱走捷径，那我们可以向化妆品巨头及慈善家雅诗·兰黛学习，她一生都紧密结合这些步骤并因此成为美国最富有的靠自我奋斗而成功的女性。她建立的家族企业现在市值已达两千多亿元人民币，[114] 她取得如此成就正是因为她关注到世界需要的东西，结合激情和意义并为之进行创造——在护肤霜、护肤液和香水中添加神秘配方，让女性变得美丽。

从小在美国长大，雅诗兰黛在我心目中一直都是一个优质品牌，多年来也一直使用它们家的各种产品。但是，直到我任职高管猎头后，我才真正深入了解这个品牌。

雅诗·兰黛是一个高瞻远瞩、具有创造力且从不局限于自身环境的人。事实上，她竟为顾客和媒体缔造了一个谜一样的身世。在她的成年生涯里，她误导了整个世界，让世界误以为她是一个欧洲贵族。细节逼真，仿佛她的童年充斥着仆人和赛马游戏。直到 1985 年，那时她已大约 80 岁的高龄了。她打算让一个未经授权的传记作者曝光她的身世，她才终于承认了自己的真实背景，一本名为《雅诗，一个成功的故事》横空出世。[115]

首先，我们重温几个定义：

创造力是指产生好主意的能力或行为。

创新是指将好主意付诸实践，制造出世界需要的产品或服务。

发明为世界创造一个全新的、有影响力的产品。

对大多数人来说，想出好主意并不难，难的是将它们付诸实践，创造出世界所需之物，在充满不确定性的环境下尤其如此。在一个歧视女性、压抑女性取得成功的时代里，雅诗·兰黛是一位勇敢追求梦想的女性。

让我们回顾一下她非凡的一生，然后从中汲取经验，总结我们为取得成功必须采取的步骤，创造属于我们自己的非凡故事。

雅诗·兰黛是如何成为真正的美国贵族的

雅诗·兰黛于 1906 年前后出生在纽约皇后区的贫民区域，原名约瑟芬·艾丝蒂·门泽尔（Josephine Esther Mentzer），她的父母都是来自匈牙利和捷克的犹太移民。他的父亲经营着一家五金店，一家人在这里过日子，并且一起为这个五金店打工。

在雅诗·兰黛的自传里，她承认，她从小就因为父母带有浓厚口音的英语和各种俗气的做事方法而感到羞耻。她想要成为纯正的美国人。她立志有一天一定要摆脱童年这样的生活，她深深痴迷于所有美丽、光鲜亮丽的东西，她幻想着写道："成为一个女演员，被灯光、鲜花和帅气的男人所环绕。"[116]

第一次世界大战结束后，幸运眷顾了雅诗·兰黛，她的化学家叔叔约翰·舒茨（John Schotz）来访，和家里人住在一起。在雅诗·兰黛家后屋的小马厩里，她的叔叔建立了一个临时实验室。在那里，他创造了各种产品，从可以杀死家禽身上虱子的产品到防腐液体，再到芬芳的护肤霜。当雅诗遇到她的叔叔时，她欣喜若狂："他激发了我的想象力和兴趣，他了解我。更重要的是，他创造了奇迹。"[117]

雅诗抓住这个机会帮他销售产品。她将护肤霜命名为"高效全能护肤霜",并且把它带到附近的美容院,她把这个护肤霜涂抹到女人的脸上,自己在一旁的吹风机旁等着。每当遇到有人脸部轻微发红或有小瑕疵时,她都会给那个人送去她的护肤霜小样,涂抹后很有效果。通过口口相传,这款护肤霜很快就火了。

然而,在雅诗实现梦想前,她遇见并嫁给了一个腼腆、善良且小有成就的纺织品销售员约瑟夫·劳特尔(Joseph Lauter),那时她二十几岁。这对夫妇搬到了曼哈顿,有了第一个儿子伦纳德(Leonard)。

那个年代的美国社会还是一个希望女性成为母亲后就留在家中做全职妈妈的年代,但是雅诗怀揣更大的梦想。当雅诗不忙着照顾家庭的时候,她继续改进她叔叔创造的护肤霜。雅诗在自己厨房的炉灶上做不同的护肤霜。为了给产品创造市场,雅诗把产品兜售给美容院、酒店、地铁甚至是街头,做免费的美容示范。

当雅诗意识到如果她的产品充满古老欧洲的浪漫气质便能帮助自己的生意时,她重新包装了一下自己。她和丈夫一起把他们的名字从"劳特尔"改为更有奥地利特色的"兰黛",然后她给自己的名字添加了一个波浪号,让名字看起来像一个法国人的名字。约瑟芬·艾丝蒂·门泽尔·劳特尔,一个工薪阶层的纽约客,摇身一变成为雅诗·兰黛(Estée Lauder),听起来就像来自维也纳的伯爵夫人。为了支持自己的新身份,雅诗模仿了她那些富有客户的礼仪和礼服。很快,现实和虚构合二为一,在纽约的上流社会,雅诗成功地把自己塑造成一位来自欧洲落寞贵族、举止温文尔雅的女士。

雅诗和约瑟夫结婚9年后离婚，雅诗搬到了迈阿密的海滩，在那里继续向富有的度假者推销她的护肤霜，并且和数个有钱的男人保持暧昧关系，希望他们能帮助她的事业。然而，这并不奏效。

1942年，离婚4年后，雅诗厌倦了不断猎寻有钱人的日子，她意识到自己想念善解人意的前任丈夫。很多年后，她解释说："我很年轻就结婚了，肯定有人觉得我会错过生命中不少光鲜的时刻，但是我却发现我得到了一个世界上最善解人意的丈夫。"[118]

于是，她回到约瑟夫的身边。同年，他们再婚。这一次，他们终身不离不弃，并开始商业合作伙伴关系，约瑟夫辞掉工作，与雅诗一起打造化妆品业务。

1944年，这对夫妇迎来了他们的第二个孩子罗纳德（Ronald），并开了第一家店。1946年，他们创立了家族企业雅诗兰黛，雅诗和约瑟夫是公司唯一的两名员工和股东。

多年来，这对夫妇不断努力。当他们公寓的小厨房已无法承受现有生产规模时，他们投入了毕生积蓄，接手了一家旧餐馆，把它改造成了他们的工厂和仓库。白天，约瑟夫管理业务，而雅诗则走街串巷，把产品推销给任何一个潜在客户。晚上，他们就在旧燃气灶上烹饪和混合各种护肤霜。这段日子，正如雅诗后来在自传中所写的那样："每一点工作都是靠两双手完成的，我的和约瑟夫的手。"[119]

到1950年的时候，这对夫妻终于攒够了钱打算做一个预算为50 000美元的广告营销。他们联系了几家广告公司，但都因为预算金额过小而被拒绝了。一个广告公司高管甚至嘲笑他们说 50 000 美元连《生活》杂志（*Life*）一个整页广告都付不起。于是，雅诗创造了自己的广告营销，怀揣着对自己产品质量的坚定信念，她向所有的陌生人提供免费的产品样品。[120]

唱反调的人看到她免费样品的计划都要讥笑一番，并告诫她快放弃自己的生意。然而，雅诗用事实证明了他们是错的。推销免费样品以后，客户的队伍排得更长了，他们愿意支付她所收取的任何价格。而雅诗没有听从会计师的建议——产品定价高昂，只让最昂贵的商店卖她的护肤产品。

雅诗的"购买即送免费小样"活动立刻成了公司最有效的推销手段。女士们尝试她的产品，用户体验感好，便会告诉周围的朋友。由于雅诗，免费小样促销活动成为以后化妆品行业的标准做法。

1953 年，雅诗兰黛首次轰动全国。那时，香水通常是从国外进口的，如法国，而且女性只能在特殊场合才可以使用。男士们都是买精美但很小一瓶作为礼物送给女士。大多数时候，香水只是放在女士的梳妆台上当摆设。雅诗决定要创造一款高端香水——让女性每天都能使用且价位适中的香水。这就是青春朝露（Youth Dew）。它是一种芬芳的沐浴油，可用作香水喷雾，女性喷了这个香水后，身上立显奢华气质。当时定价为 5 美元，价格是市场上其他香水的十分之一。雅诗在她的化妆品销售的百货商店里，到处使用青春朝露，甚至在商店的电梯里。[121]

青春朝露风靡美国。该产品占全部销售额的 80%，公司的销售额从每周 400 美元猛增至每周 5000 美元。到 20 世纪 50 年代中期，雅诗兰黛已经从一个后起之秀发展为一个拥有数百万美元业务的公司。[122]

　　1958 年，雅诗的儿子伦纳德加入了公司。从那时起，公司不断发展壮大，增加了许多新的化妆品和香水品牌，如倩碧和阿拉米思。到 20 世纪 70 年代中期，雅诗兰黛的产品已经销往 70 多个国家。

　　复婚后，雅诗和约瑟夫一直琴瑟和谐。在 1984 年约瑟夫去世后，雅诗退出了公司的日常管理，她依然希望公司保持家族管理。儿子伦纳德担任总裁，然后担任首席执行官。伦纳德在进入公司前曾任职美国政府部门，包括担任驻奥地利大使。雅诗的两个儿媳也在公司担任主要职务。

　　雅诗兰黛公司于 1995 年上市，直到今天仍然是家族企业，现在，公司由雅诗兰黛第三代家族经营。伦纳德的儿子威廉（William）曾是公司的首席执行官，现在是公司执行董事会董事长。罗纳德的女儿艾琳（Aerin）则是公司的风格和形象总监。我个人很荣幸能为雅诗兰黛公司的执行团队出一份力，以帮助他们应对 21 世纪在五大洲 150 个国家开展业务的挑战。雅诗兰黛 15 项成功法则之一是"雇用最好的人"。[123] 我可以证明，这一点，她的公司从未改变过。

　　雅诗到临终去世前都还保留着神秘感，有些秘密已经被她带进坟墓了。2004 年她去世时，报纸的讣告上写她 94 或 95 岁，但她的家人声称她已经 97 岁了。而她本人从未透露过自己的年龄，总是反驳说，女人在任何年龄都能美丽、时尚："就算我的年龄对记载很重要，我也不会告诉你的。"[124]

　　雅诗始终保持着她的幽默感，即便是在讨论那些没有她优秀的竞争对手时，雅诗也保持着十足的风度。关于雅诗兰黛多年的强劲竞争对手露华浓（Revlon），雅诗讲了一个关于露华浓创始人查尔斯·露华浓的故事。

露华浓坦率地告诉我，他打算买下我的业务，以便他成为化妆品行业的凯迪拉克。我轻声回答说，我认为他的主意听起来不错，但是我想买下他的业务，然后成为化妆品行业的劳斯莱斯。向来没有幽默细胞的露华浓听完就火了，没有回答就离开了。

露华浓很生气，他告诉我们共同的朋友说："我要毁了她。"[125]

然而，雅诗成为他试图打败却始终没能打败的竞争对手。

从年少时帮叔叔工作开始，雅诗的一生结合了激情和意义，志在帮助女性变得更美丽，给人们的生活产生积极影响。

我们都可以从她的例子中学习，跟着以下五个步骤来创造世界所需要的东西。

第一步：尝试创新

从雅诗的叔叔指导她制作护肤霜到她自己创造的青春朝露护肤品一举成名，整整三十几年的时间里，雅诗曾小有成功，这些小成功和青春朝露的巨大成功都是从她厨房炉灶前不断试验诞生的。

正如她曾告诉 *Vogue*（《时尚》）杂志："我要使用一个护肤产品很多年才会讨论它，我要把它涂在我的脸上直到脸没有知觉。我有时候甚至连续洗四次澡，就为了尝试不同的沐浴露。"[126] 尝试对你也是至关重要的。因为光是写篇日志，你是找不到自己的激情和意义的。激情和意义与智慧无关、与尝试有关，大多数人只有试完各种途径后才能找到它们。

假设你已经拟好《人生意义宣言》，下一步就是测试它能否用于真正的项目了。

万事开头难。就说我吧，我的初衷是开发优美、环保的商住多用建筑。你可能会发觉，最初工作的意义所在并不完全适合自己。所幸的是，在做房地产开发商的那些年，我尝试用自己的房地产专业帮助那些无家可归者，这是我工作的另一个意义所在。虽然我后来发现房地产不是我的激情所在，但正是做志愿者的经历，成就了我之后的事业。

开始或加入一个项目，践行你起草的《意义宣言》吧。还是一样，你的项目可以是日常工作的一部分，也可以与之无关。

假设你希望为公司的女性提供更多支持，通过研究，你发现大多数女性领导力开发项目似乎都只是门面功夫：无非是心理上的指导，教授一些开发人脉的技巧，接触的也都是空有想法却缺乏影响力的初级管理者。[127] 你可以发起一个试点项目，旨在让公司的年轻女性与高层领导者对接。

假如你起草的《意义宣言》是为上班族制作精致、健康的甜点，那你可以先在朋友的烘焙店里打打下手，体验整天与食物打交道的生活。

通过做志愿者，尝试找到激情与意义的交集是个完美的选择。在你奉献自己的技能时，人们会更乐意接受你的帮助，你也可以借此体验不同的激情与意义。于我，志愿者的工作至关重要。它不仅可以检验、践行我的意义，还帮我开发出了许多日后需要的职场技能。

别从无聊的项目开始，也别加入这种项目。无聊的项目不仅没意思，而且没有发展潜力。开始或加入那些非凡的项目，它会给你机会，让你用自己的激情去满足未被满足的需要。

找到有潜力的伙伴，让他们与你共事。在我看来，人生最有趣的事莫过于与朋友一起改变世界。据说，人类学家玛格丽特·米德（Margaret Mead）曾经讲过："千万别觉得光凭几个有关爱之心的人是不能改变世界的。其实，正是他们改变了世界。"

在这一过程中，你得把自己看成一个科学家：将失败视为过程的一部分，接受它，分析结果，用上你的知识。有时，你可能一直朝着一个方向前进。最后，因为钟爱这趟旅行，决定不改变路线。又或者，你可能走到了一个死胡同，或找到了更喜欢的新路线。每走一步，都问问自己：我应该改变我的工作吗？有更适合我的路线吗？有哪些情况是我应该避免的？哪些又是我应该主动寻求的？

然后继续新的尝试。当你更了解自己的激情与意义时，就会发现，自己的工作更到位、更好玩，也更有成就感了。

第二步：推向市场，然后测试

若你找到了这样一个项目，它既有趣，又能给你成就感，还可能给世界带来积极的改变，那就投入更多的时间和精力吧。

风投资本家盖伊·川崎指导我们："推向市场，然后测试。"[128] 这也许有悖于我们的直觉，尤其是对女性而言。我们希望自己完美无瑕，在出门前，装扮出360° 无死角的美丽，不愿意让任何人看到自己的不完美。

市场是最好的老师。问题是，待你的产品日趋完美时，人们往往很难给出批判性的建议。他们会想："他投入了那么多精力，才走到这一步。我不想直说它好烂。"但是，如果你推出的东西不那么完美，他们可能会更愿意给你真诚的建议。

一有样板就把产品推向市场吧！像常人一样，我也喜欢伟大的设计，但在产品开发、测试的前期，重点应放在"有用"上。伟大的设计，核心在于其功能。所以，聚焦它的功能，形式的问题放到后面考虑。早点儿把它推向市场，你就能避免添加累赘的功能，就能知道顾客真正的需求是什么，少走弯路。

观察用户是如何使用你的产品的，观察他们常用和不常用的功能。雅诗·兰黛也是这么做的。她喜欢和客户接触，常常没打招呼就出现在店铺里，然后打开一瓶护肤霜，把它涂到客户的脸部。这是销售行为，也是研发行为，这样就能给她提供一个机会从客户的反应中直接学习和衡量护肤霜的效果。

你也可以做到。联系你产品的忠实客户，问他们："我如何能把产品做得更好？"你所学到的东西将会让你感到惊喜，它将帮你把未来的产品做得更惊艳，比你自己空想的新功能要好得多。

想给公司的年轻女性和高层领导互动的机会？别花上好几个月计划一场全公司

的项目了。聘用五位高层领导，请他们参加一个与年轻女性互动的试点，看看进展如何，再根据参加者的反馈一步步推进便可。

弗吉尼亚大学达顿商学院战略专家萨拉斯·萨拉斯瓦蒂（Saras Sarasvathy）曾说："人们争着讨好投资人，但最好的投资人其实是你的第一个顾客，而你的顾客也会是你们公司最好的销售员。"她面试过数百要公开募股的企业家，他们都在历尽千辛万苦后才明白："哪怕身边只有一个忠实的顾客，也好过道听途说那些关于一千个顾客的十件事。"[129]

免 费

当你推向市场时，记得要免费，或者，尽可能地少收费。可以想见，你可能会不甘心："我都知道世界真正的需求了，我创造出这么好的东西来满足这种需要，凭什么要免费？"

凭什么？就凭你得到的奖励会远超于你的产品当前能创造的微薄利润。

记住你的目标：撩到好运。要撩到好运，就得让世界看到你的能力。这一点，光从你乏味而空洞的简历上是看不到的。向世界展现你真正潜力的唯一的办法就是展现自己。

作为一个年轻女性，雅诗梦想成为一个光鲜亮丽的护肤专家。很好，她没有试图申请工作，因为她的简历只会显示她仅有的在五金店的工作经历，没有任何教育背景。现在已经不清楚她是否有高中学历了，但是雅诗从来不会让自己的出身阻碍将来的发展。她只是简单地制作并免费送出她的护肤小样。慢慢地，她的做法革新了整个行业。

适用于她的方法也适用于你。

展现自己就只能拿出你的成品。但如果你收费，人们就不乐意买账。就算有，也肯定不多，因为他们不认识你，还无法信任你。

免费则可以让你的产品在顾客手中真正发挥作用，引起他们的注意，让他们知道，你和你的产品都是这样卓尔不群。

第三步：把产品做到惊艳

当你打造了一个既有激情又有意义的产品，而这个产品开始小有成就，那你就努力把它做到惊艳吧！你也许要花费不少时间、金钱和精力，但该花的绝对不能免，因为你的产品代表了一个非凡的你。

雅诗从来没有美化过她的简历，也没有漫无目的地扩大人脉。她不知疲倦地工作，就是为了创造惊艳的产品，让产品的质量说话。正如她所写："我喜欢我的产品，我喜欢去触碰那些护肤霜，我喜欢闻它们、观察它们，随时把它们带在我身边。一个人如果希望别人去钟情他的产品，自己首先要爱这个产品。"

第四步：推广你的项目——还有你自己

你也许不需要为自己建立一个全新的后台，但你必须要像雅诗·兰黛一样利用你的弱关系去打造一批忠实的顾客群和合作伙伴。"我不了解她，我只是知道她一直赠送这些小样。"摩洛哥公主 Grace（格雷丝）说道。后来，公主也成了雅诗的朋友。[130]

大千世界，到处都有在等候你产品的顾客、伙伴和投资人。你只需要找到他们，与他们分享你的项目。好消息是，市场希望你卓尔不群。你最重视的顾客和伙伴掌握着话语权，而他们已疲于现状。昨天了然无趣，他们期待着明天会有惊喜。并且，希望自己也是惊喜缔造者中的一员。

找出可能对你的项目有帮助的微信好友。

如果你成功地创造出既惊艳又免费的产品，并找到了潜在顾客，给他们送去你免费试用的产品，奇迹就会出现。因为这个世界让我们觉得有用的东西价格不菲，免费的总是一无是处，所以，人们就会被你的产品所吸引，而且他们会将你的产品宣传给你想联系的人——就像我的博客一样，最早的粉丝会慢慢变成你的免费营销和销售团队。他们会将你的产品新闻发到自己的朋友圈，让其他潜在的顾客也了解你的产品。

第五步：不断创新

创造的关键就是坚持不懈。

不懈创新。如果你已经开发一个项目一段时间了，没有任何进展，或者你不再对这个项目是"天将降大任于斯人也"的奇妙感受时，那就把它放一边儿去吧！然后开始新的项目。

当你的产品小有成就时，你可以开始收取费用来扩充资金、完善产品、扩大潜在用户市场。

不断创新意味着当你遇到阻碍时，你要战胜它。雅诗·兰黛从来不接受"不行"这样的字眼，她总是坚持不懈。

当法国巴黎老佛爷百货的经理拒绝了雅诗的产品时，她在展示的时候"意外地"将她的青春朝露洒在了地板上。顾客马上被这浓郁的芳香所吸引，开始问哪里可以买到这个产品。经理只好投降，给了雅诗第一份订单。[131]

创新已然成为一种生活方式。当你正在努力为世界创造美好而有意义的东西时，那种感觉会令你上瘾。每天都花时间做这份工作，那么以下三个成果中，你起码会收获两个。

（1）你的项目也许具备了商业可行性

1999 年，一个由马化腾领导的小团队推出了一款免费而有用的即时通信软件，名字叫 QQ。无数个好机会随之降临到他们身上，由此，他们成立了腾讯。

同年，一个叫作马云——曾做过老师的人集结了一些朋友，想发起另一个项目——创立网站，帮中国的小企业走向国际。他们紧密关注市场、多次调整产品，直至符合当时中国人的需要。跟腾讯一样，大把大把的幸运时刻也纷至沓来，他们抓住机会，成立了阿里巴巴。

伟大的企业总是建立在非凡的项目之上。想做个成功的企业家，就不要从集资或创业开始。很多公司穷其一生都在寻找自己存在的理由，白白让投资人的钱打了水漂。不妨先找到一个未被满足的需要，从满足这个需要的产品开始，打造产品，推广产品，获取顾客，收获利润。也许哪天你醒来就会发现，自己已经是企业家了。

（2）你会变成更优秀、更强大的人才

不管你的产品是否具备商业可行性，光是创造这世界所需之物的过程就能给你带来不同寻常的收获。如果你专注于自己的工作，那么你在创造世界所需之物的同时，就能完成吸引好运的所有步骤了。通过顾客的视角看问题，你会培养自己的同理心和自我意识。通过创造自己的项目，你能培养自己的激情和最佳才能。因为创造的每一步都是多学科的，所以你会在行业交界处工作、探索新的文化、建造知识的心理框架。在你学习技能、结合激情与意义时，你就能打造特性、自我增值，锻炼自己深度潜心工作的能力，给你的人生注入更多的心流时刻。你宣传自己的产品时，也发展了与朋友和队友们的弱关系。

所以，不管你是否想成为企业家，都去尝试创新，不断创新吧。这个过程会创造专属于你的 MBA 学位，不仅免费，还为你量身定做。慢慢地，你会发现，你不仅是在创造更好的产品，也是在塑造一个更优秀、更幸运的自己。你将飞速进步。

（3）好运气会一波一波涌来

我的确是个幸运的人，但我经历的好运都不是来自偶然，每个机会从天而降的幸运时刻，都是我创造世界所需之物后的直接结果。

做房地产开发商的我，工作本身平淡无奇，但我在业余时间用自己的专业技能建造廉租房，帮助洛杉矶无家可归者解决了危机。正是这份志愿者的工作让胡泽群前辈和其他人注意到了我，令我得到了做副市长的机会。

做副市长的我，帮助了数百万加州人获得了 21 世纪需要的技能，这份工作令我结识了许多大人物。正是凭借这些人脉，猎头公司才会将我纳入麾下。

做高管猎头的我，通过写职场博客，帮助中国留学生成为国际型人才。正因为这个博客，才会有猎头找上我，请我写《30 岁前别结婚》。

我写作此书的目的，是想帮助你以及所有的中国年轻人释放你们全部的潜力。这本书会为我的生活撩到什么机会呢？这些机会是以网上视频的形式出现吗？还是配饰？演讲？电影？培训机会？更多出书机会？虽然这本书会以什么形式为我撩来好运仍是未知数，但我预感，应该不会太差。

你瞧瞧，当我们充分施展了自己的才能，创造惊艳的东西并投放市场时，我们就成了最好的自己。我们会倍感振奋，满心欢喜。人们总是喜欢这样的人，所以他们会被你不自觉地吸引，也想来帮助你。

当我们把非凡的创造带给世界时，它们不仅会触动你的潜在顾客，还能感染那些与顾客有联系的人和公司。

这就是好运气一波一波涌进我们生命的时刻：新的伙伴会为你带来幸运的时刻，虽然令人意想不到，却又仿佛是为你量身定做的。

How to get lucky in life

第 14 章

做好失败的
打算

冒过险，你才会明白，成功有时，失败有时，二者同样重要。

——艾伦·德杰尼勒斯（Ellen DeGeneres），喜剧人 [132]

不要期待你的所有创造都能成功。其实，成功人士也并不总是一帆风顺。你只是不曾听说他们的失败，因为他们不会将全部的自己展示给外界。但是，它们一直都在。不妨先看看成功的另一种定义："成功就是在一次次失败中跌跌撞撞，却永远热情不减。"

比如，我自己。

我是如何在失败中探索的

你可能会想，为什么我的第一本书与这本会有五年的出版间隔。

我没有**停止**工作。前面也提到，出书后的头几年，我在各种项目间奔波。起草《意义宣言》后，我开始拒绝别人的项目，专注做自己的项目。可惜，虽然《意义宣言》帮助我推掉了一些项目，却未能防止我在接手的项目上栽跟头。

写《30岁前别结婚》前，我从未想过，有朝一日，自己会成为职业作家。在书热卖后，我信心大振。我想：**我能写作！什么都不在话下！**

写书虽然能给我带来很大的精神愉悦，但我并没有获得足够的薪酬回报。因此，我当时决定转而从事报酬丰厚的影视剧本创作。这似乎也不算难事，毕竟，我就住在好莱坞，这儿广为流传的一个笑话就是：哪怕公交车司机都有要推销的剧本呢。

那时候的我，依旧好运连连，我收到了不止一份知名工作室的邀约。万达影视买下了三年《30岁前别结婚》的版权许可，并聘请我担任首席编剧，将小说改编成电影。我提交了几份故事方案，都很优秀，至少我自己认为如此。但是，万达影视都没有接受，他们把每一个都拒了。今年，万达的版权许可即将到期，电影项目还是遥遥无期。

然后，阿里影业又建议我们合拍一个以时尚买手为主题的电视剧，我觉得很不错。我写了份方案，想拍个都市浪漫喜剧，就讲一个高管猎头专门物色意中人的故事。他们很喜欢。我又交了好几份详细的故事梗概，但都被拒了。

我没有灰心，仍然努力着。我咨询了好莱坞的朋友，读完了所有讲剧本创作的书，甚至聘请了一位好莱坞顶尖剧本策划人做我的创作指导。我们完成了很多原创故事，并坚持投稿。

终于，阿里影业的总裁张蔚邀请我共进午餐。"你的阅历真的很丰富，"她说，"你可以写职场、写育儿、写创业，写生活的方方面面。你别创造别人的故事啦，大家都喜欢你的故事！"

那顿饭吃完，想到她的表扬，我心里还有些暖意。后来才明白，张蔚不仅有着优秀的商业头脑，还有着极强的同理心。其实，她的话是彻底地拒绝了我，用的正是我从事猎头多年用的那一招"语气就是一切"。

事实证明，我绝不是一个全能型作家。小说和非小说的写作差异巨大。这再明显不过的事实，令我备感羞愧，我竟然花了两年才明白。有时候，我的无知还偏偏碰上了我的固执！

种种失败令我体会到——又一次体会到——要听从自己的内心。我脑子里希望转向报酬丰厚的剧作行业，但在我的内心深处，那样的写作总感觉不太对头。我穷极一生，努力了解这个世界的运行以及如何用最好的方式靠近它。现在，我要把这种努力变成生活的标准，将它融入我的书、我的演讲、我的视频、我的微信公众号文章里。创建了自媒体的我，才是那个自然又真实的我。沉浸在有归属感的事物中，我仍然会跌倒，但起码，成功的概率更大，过程也更有趣。

这一切成就了今天的我。这一年，我全心全意地写作此书。现在，它即将成形。

但愿可以畅销，但谁也不能保证。

毕竟，最好的艺术家也有糟糕的作品，顶级的导演也有让人看不下去的烂片，无数成功的企业家也曾推出过完全不被市场认可的产品。

边做边学

成功之路上难免会历经失败。愿意承受途中的失败是你走向成功的唯一要素。像我们这样在跨界领域工作的人，失败的风险更大，因为我们走在前人没有走过的路上，无法依靠过去的经验为我们提供指引。我们开辟了新领域，把从未连接在一起的人、公司、想法和行事方式整合在一起，我们面临着巨大的不确定性。一个交界处的项目可能通向许多终点，若不尝试，就无从知晓哪条路才走得通。我们只能边做边学。

确实如此。哈佛商学院创新专家克莱·克里斯坦森（Clay Christensen）写道："研究表明，绝大多数成功的初创公司，在执行他们的原始计划时都会摒弃最初的商业战略，市场会告诉他们哪些是行之有效的、哪些是行不通的。"[133]

他解释道，一个公司是否成功，不在于最初的战略是否正确。与其试图一开始就找到正确的战略，远不如保存足够的资源，以便犯错之后吸取教训，并及时调整方向。有些公司之所以失败，是因为在他们想要调整战略前就已经耗尽了资源。

这也是许多互联网创业公司败得如此惨烈的一大原因。他们大量集资，用于尝试前所未有的新事物。他们对市场做出的许多预判最后都是错的。

这并不罕见。克里斯坦森指出，所有的创业公司都会做出错误的市场预判。问题在于，他们好像想一击即中，所以一开始就下了很大的赌注。要是不可避免地碰上失败，预期的首次公开募股推迟，老板、员工和投资者都会失去耐心。而此时，他们也没有资源可以用来变道了。[134]

另外，成功的初创公司最初往往会锁定某个市场，只卖一种产品。但一两年后，他们会基于突发的情况，或基于之后了解的利弊，来调整自己的产品或目标市场。

企业家埃里克·莱斯（Eric Ries）如是说：

首要问题是吸引好的方案、牢靠的战略和完善的市场调研。早些时候，这些东西就像预测成功概率的指标。创业公司也陷入了这股风潮中，但因为创业的不确定性因素太多，因此收效甚微。创业公司并不知道自己的顾客是谁，也不知道自己的产品该做成什么样。世界充满了太多的不确定性，预测未来也愈发困难。古老的管理方法已经跟不上时代了。只有在长期稳定运营，环境也相对静止时，计划与预测才能精准。创业公司不具备任何一个条件。决定成败的区别在于：成功的企业家往往有远见、有能力、有手段，能知道计划的哪些部分运行良好，哪些部分偏离轨道，并对战略做出相应的调整。[135]

并非所有计划都是不可行的。战略专家萨拉斯瓦蒂（Sarasvathy）的团队研究发现，如果掌握的信息比较全面，那么阶段性计划就能奏效。但如果不确定因素过多，或是我们对面临的问题缺乏充分的了解，尝试性的创新就是明智之举。在她看来，创业计划的"实行、终止和调整都是通过行动和与他人的互动实现的"。[136]

只有愿意承受失败，你才能发现助你成功的要素。如果你一开始就想做到完美，或是尽量不犯错，那你就关上了自己的学习之门。日后，当你的项目成功时，你就会发现幸亏自己当时多尝试、多试错。当你碰到问题时，你可能要另辟蹊径来实现目标，又或者，你得重新定义目标。

边做边学与校园学习截然不同。学校里，我们只需要记住知识点，一旦给出问题能够机械重复即可。对任何考题而言，正确答案只有一个，没有任何容错的空间。

在现实生活中，任何问题都可能有许多不同的答案。我们需要通过创新，找到正确的答案。我们需要学会实际意义上的思考。要做到这点，就得把逻辑和创意结合在一起。

先别辞掉你朝九晚五的工作，相反，学会超额完成

要锻炼自己尝试创新的能力，你首先得能养活自己，撑起一个家庭（假如你有的话）。所以，即使朝九晚五的工作让你只能在工作日的晚上和周末尝试创新，你也不能辞职。

讨厌你的工作？它真的无聊至极？是不是每天上班八个小时，但只有两个小时有工作，其他时候都无所事事？完美！好好干。毫不起眼的工作更要撸起袖子加油干，如果连不起眼的工作都做不好，谁还敢给你更难的任务？用剩余的时间来创新就好。

瞧不起你的老板？讨厌被迫参加那些数不尽的会议？最能减少痛苦，令你享受工作的办法，就是改变你的态度。利用这个机会培养你的同理心和自我意识吧。

还有一种人总犯的错误是频繁跳槽，所求不外乎是头衔升那么一级、薪酬涨那么一些。五年或十年后，他们的简历就会成为猎头口中"丑陋的简历"，人们会给他们贴上"切勿靠近"的标签。每换一次工作都有新的风险。新老板是个浑蛋怎么办？公司的办公室氛围不健康怎么办？新工作和招聘广告上说的完全不一样怎么办？

如果你有一次糟糕的工作经历，只要能从中找到失败的原因，并吸取教训，那就无妨。但你要是一事无成还总跳槽，那糟糕的经历只会"阴魂不散"。

通过跳槽去追求一份完美的职业并不是寻找理想工作的途径，你应该去打造你的事业。而打造事业的方法就是不断成长，并开始创新。别辞掉现在的工作，除非：

（1）有人给了你绝佳的成长机会，比如去一个公司里发展最快的部门，或者在跨界领域工作；

（2）有人可以大大地提升你的头衔和薪酬；

（3）你已经通过创新赚到足够的钱，可以养活自己；

（4）你已经撩到好运，找到了与你激情、意义相匹配的新工作机会。

不要误以为只要加入到创新者的阵营，你就不用被日常规则所束缚，也不用继续做现在的工作了。这样一来，好运气可能就神不知鬼不觉地溜走了。资深的猎头、风投资本家和商业伙伴在与你接触前，会找到你过去和现在的同事，问问他们你的工作表现如何。每时每刻，你都在被评估，每件事都不可小觑。所以，要做最好的员工。你的工作应该从不超时，也从不超出预算。实际上，你可以培养超额完成工作的习惯。不管被委派的任务大小如何，都要用工作质量说话，令他们眼前一亮。让你的名字成为惊人的、优秀的代名词。这样，下次那些其实并不相熟的人有一个非常好的工作机会要推荐人的时候，他们最先想到的一定是你。

小赌怡情

对创新者而言，我们不仅要愿意失败，还要做好失败的打算。企业家、作家彼得·西姆斯（Peter Sims）是这样向我们介绍他提出的"小的赌注"的：

> 如果你第一把就赌得很大，也许能获利不少，但前提是第一次就得把产品做得尽善尽美，但这种可能性微乎其微。所以，不要为了一击即中而拿你的金钱、名誉或人脉冒险。做好准备，当你能更好地权衡利弊时，及时调整计划。产品成功与否与投资的多少无关，所以，别把赌注押得那么大。
>
> 小的赌注是一种低风险的行动，可以开发并验证你的想法。因为赌注小，所以可以下很多赌注，尝试的种类也更多，获得好运气的机会也就更多。此时此刻，你在假想自己对市场的一些预判可能是错误的。问题是，如果你不下小的赌注，不去验证一下，就无从得知对错。设计最小的赌注，去测试项目中的任一部分。[137]

Zappos 是世界上最大的鞋业零售商，其 CEO 为美籍华人谢家华（Tony Hsieh），他将对顾客幸福感的强烈追求转化为 140 亿元人民币的年利润。[138] 然而，Zappos 一度只是创业的一个想法而已。它的创造者先提出了假设：顾客已经做好准备，且很乐意在网上买鞋。

为了验证这个假设，他们本可以建仓库，签约配送公司，然后向投资人夸夸其谈。

但是，他们只是下了个小赌注。他们请求当地的鞋店允许自己给他们的库存拍照。作为交换，他们会把照片上传，如果有顾客在网上下单，他们就会来鞋店全价购入。Zappos 团队利用这种尝试提供了可以量化的结果：要么有足够多的顾客愿意网购鞋子，要么就没有。这场小赌注的效果显著。不仅顾客纷至沓来，这场试验还令 Zappos 有机会观察、接触真实的顾客与合作伙伴，向他们学习，并且得以掌握了很多意想不到的消费者行为。[139]

任何时候，若前途充满未知，下小的赌注都大有裨益，因为你不需要基于不完整的信息来强迫自己订立战略计划，你可以利用富有创意的可能性去反复试验。不要让不可预测的事阻碍你的步伐。

霍华德·舒尔茨刚开咖啡连锁店，也就是后来的星巴克时，模仿的是他在米兰见过的意式咖啡馆。但咖啡师们抱怨，说领结戴着很不舒服。顾客也投诉，抱怨无休止的歌剧音乐和意大利语菜单。通过一个接一个的小赌注，霍华德对自己的模式进行迭代改进。最后，他的咖啡馆不再是抄袭意大利的山寨货，而成了美式咖啡馆中最别具一格的风景。

别把鸡蛋放在一个篮子里

莱纳斯·鲍林（Linus Pauling）是化学家、生物化学家、反战人士、作家和教育家，还是唯一一位独立获得两个诺贝尔奖的人：1954年诺贝尔化学奖及1962年诺贝尔和平奖[140]。他还是世上最伟大的科学家之一，出版著作及文章逾1200篇，其中850篇与科学相关。[141]

他著作颇丰的奥秘何在？其实就是不停地写作。按他的话讲："要有好的想法，先得有许多想法。其中大多数是错的，你得学会取舍。"[142]

创新者比其他人失败的次数更多，只因他们尝试的想法更多罢了。尝试的想法越多，成功的机会就越大。还有一个好处在于，你与顾客、伙伴互动的机会也会越多。换句话说，越创新，越幸运。

失败本就是创新的一部分。创新者不是因成功而行动，而是因行动才成功。

你的产品，有些会失败。

但有些不会。

How to get lucky in life

第 **15** 章

该你

出手了

我曾经的生活不能让我满意，于是我创造了自己的生活。

——可可·香奈儿（Coco Chanel），时尚设计师 [143]

人们总说，他们不喜欢自己的工作，想换个新的。他们想知道如何去结交猎头，或者怎么写出好的工作申请。找工作这件事有一个问题：一切都得靠简历。但是，你的简历只能体现出你过去做了什么。如果你和大多数人一样的话，那么你过去的工作其实和你真实的自我没有关系。

你是否实现了自己最大的潜力呢？我敢说你还有巨大的才能没有开发出来，只是从没有过机会督促自己去挑战自己的极限。如果你从来没有真的投入激情和意义去做一件事，那么换工作就成了个鸡和蛋的问题。世界不知道你有多大能力，因为你从来没证明过你真正的能力。

你的创造会撩到好运

你大可以试着告诉这个世界：我以前的工作烂透了，但是我的能力不止于此！我潜力无穷！相信我！

没人会相信你。

要改变你的人生，你就要展现真实的你，拿出你能给这个世界的所有。就跟写作的基本准则一样："用身教，别用言传（Show, don't tell）。"向这个世界展示你能力的唯一方式是：对现实世界的问题，给出现实世界的解决方案。秀给人们看看，那些常青藤盟校的优等生做不了的事情，你却可以。忘了你的高考分数，也别管你是不是上过大学。大学只看重你以前多么能死记硬背，而未来却看中你现在能创造什么。在你开始制造成果的那一刻，世界便只会关注你本人和你能给予的一切。

我从政时，每天都要和我的团队定"议程要点"，也就是告诉公众我们在做哪些大事。如果你不为这个世界创造点什么，那么那些要点就只能默认为你简历上的要点，毫无特色，但只要你开始创造事物，你的创造对世界来说就是新的议题。

你要做的就是给这个世界施加更多的影响。明白了这一点，你的工作就会超越你。工作是你送给世界的礼物，是你手上的艺术品。这艺术品会触及某个人，然后将那个人带到你身边。要想找到一份能圆梦的工作，你就需要完成你的艺术品，因为你的艺术品会让你遇见职场中的意外之喜，让好运助你实现梦想。

少思多做

没人说这么做很简单。留在舒适区，按每个人说的做，不去思考人生的所有可能性，这些都不难。你身边有多少人来来往往，梦想很大却从不付诸行动？你知道我指的是什么人。那些成天都在按部就班、埋头苦干的人，那些一辈子活在安静和绝望中的人。满分付出，回报未知。

在人生的前几十年里，我都在努力解决自己的自信问题。高风险的房地产开发行业中随处可见大男子主义的男人，这只会让我的不自信愈加突出。后来，我终于找到了克服自卑的唯一办法：少思多做。无所作为滋生怀疑与恐惧，而信心与勇气只会迸发于行动。

好主意不会自己脱颖而出，脱颖而出的是那些被付诸实践的主意。而那些实践的人跟你我没有什么不同，史蒂夫·乔布斯曾说：

当你长大的时候，人们会告诉你，世界就是这样的，你的人生就是在这世界里好好生活。别那么不安分，四处折腾。好好成家，享受生活，存一点儿钱。那种人生很局限。人生可以更加广阔，前提是你了解一个简单的道理：你称之为生活的一切东西都是由那些不如你聪慧的人创造的。你可以做出改变，你可以对其施加影响……只要你知道了这一点，就会与众不同。[144]

如何收获贵人缘

《30岁前别结婚》的书迷们常问，怎样才能结识像我的导师莫瑞·肯戴尔（Maureen Kindel）这样在整个加州享有盛名的导师。我想本书一经出版，读者同样会问如何遇到胡泽群这般的良师。这确实是个好问题，因为导师是你我取得事业成功的关键。

我的挚友乔尔·库尔兹曼（Joel Kurtzman）生前是世界顶尖的商业战略家、杂志《哈佛商业评论》前总编。他曾告诉我，顶尖的成功人士都有导师，而遇到导师的途径是成为他的"得力助手"。

假设你找到了那个会让你欣喜若狂视作贵人的强大导师，不要刻意去接近对方，不要想得到人家的联系方式就求人家赏脸喝咖啡。没用的。如果对方如你想象般强大，那他可能正忙着改变世界呢。同时，还要遭受像你这样的人的"邀约轰炸"。那样，你在他眼中只是迷失、困惑的泯然众人中的一个，他无论如何都无法单靠一次咖啡的时间就帮到你。

反之，你必须让他知道，你是一个独特的年轻人，值得日程十分紧凑的他花点儿时间了解。就像撩到好运一样，你得撩到这位贵人。作为创新人士，他也会欣赏创新型人才。所以，你必须向他展示你为这个世界创造的惊艳事物，用你非凡的潜力吸引他。

与其乞求他的帮助，不如用你的同理心换位思考他需要什么，然后设法帮他。不求酬劳，持续进行。成为他的得力助手，你会得到长期留在他生命中的许可。

我想澄清一下人生导师的角色。有人想要导师指引自己的人生方向、谏言决策，打开自己需要打开的大门。换言之，他们要的是父母型导师。

然而，要记住，在我们的新时代，能够做你的心灵导师，给你引导、保护、培训、经验、人脉和机会的人，其实只有你自己。导师不是父母，导师是那个你可以近距离仰望的、特别的人。

迄今二十五年，我一直都是胡泽群先生与莫瑞女士的门生。我和他们间的情谊不尽相同。胡泽群先生对我来说是政界领袖与慈善领头人，我与胡泽群先生打交道都是在职场、在他的圈子里。而莫瑞女士则更像我生活中的大姐姐，我俩常聚餐，也通过社交媒体频繁联络。一次，我摔断了腿，无人照料，是莫瑞女士前来照看了我两个月。

胡泽群先生曾把我引荐给市长，我很幸运，那是我生命中的重要转折。但那也是唯一一次胡泽群先生或是莫瑞女士为我开启一扇通往某个职业的大门。二位从未规劝过我该如何发展自己的职业生涯。

原因是他们的重心始终在**他们的**事业上。理应如此。两位都在世界上创造了非凡的成就，我从他们身上获得的，仅仅是一份特权——能近身观察他们如何创造非凡成就的特权。

两位导师对我的影响都十分深远。拉个远景，通过远观他们，我变得更有勇气、更有远见，也更具创造力。取个近景，观察他们的为人处世、制定决策、战胜困难，也看到他们如何乐享生活、笑对每一天、享受每一天，我从中获益匪浅。

我曾过于严肃、较真，胡泽群先生与莫瑞女士教会了我笑。

没有他们，我不会成为今天的我，感恩他们还在我的生命中陪伴。作为发光的榜样，他们从未以"**言传**"教会我如何过自己的生活，而是用"**身教**"教会**了我**。

如何获得财富

曾有一位粉丝问我："我们应该先改变世界，还是先获得财富呢？"很明显，她希望我的答案是先获得财富。她说，如果她先像马云一样有钱，那她就能像他一样捐出很多的钱来帮助别人。

听起来很好，是吧？先有钱，再改变世界。按这条路走，我们可以完成所有的目标。问题是，如果你的初衷是赚钱，你可能走不到最后。风险投资家盖伊·川崎曾说：

> 企业家精神的关键在于创造意义。太多人的创业目的只是赚钱，快速捞金，赶上互联网创业的大潮。我还注意到，在我开办、资助和有联系的公司之中，那些旨在改变世界、改善世界、创造意义的公司，往往能有所作为。他们会是成功的那一派。有了意义，也许也就有了财富。但是，如果你一开始就想着赚钱，可能就无心创造意义，最后也赚不到钱。所以，我首先想的就是，你需要创造意义。这应该成为你创业的核心之所在。[135]

世上充斥着那些含混度日、盲目追逐财富的人，只凭金钱来衡量自己的人生，从未想过成为真正的自己、表达真我。但过着不是自己选择的人生，你真的觉得幸福吗？你相信光是随波逐流，自己就能得到真正的财富吗？

当然不。获得财富与改变世界并不是一个鸡和蛋的命题，它们应该是因果关系，改变世界在前。

积累财富的方式就是想清楚如何完全释放你的潜能，为这个世界创造真正的价值。然后，从你创造的价值中获取财富和名誉。马云走的正是这条路。要获得财富，必先改变世界。

大家都不会认同你

大家都想做幸运的人，都想要快乐、想要愉悦、想要激情。但是，很少有人能真正踏出自己的舒适区。为何？

原因有许多，但最关键的在于，这种做法会显得不正常。

我那时刚从市政厅离职，没有回到房地产业，而是去做高管猎头。大家听到后都是一副惋惜和关切的样子。"房地产业怎么了？"他们这样问，"做了那么多年、读了那么久书，你就这么丢掉了？35 岁还想尝点新花样，是不是太老了？而且，你怎么还没结婚？！"

做了 7 年的高管猎头后，我又宣布我要在中国当作家，大家都觉得我肯定疯了："洛杉矶市的副市长、高管猎头、20 多年的工作经验，那么多荣誉，那么多人脉，都付诸东流了？所以，你是想在一个全新的环境里，用自己都不怎么说的语言从头开始？你都没用英语写过书，这可是你的母语啊！你都 40 多岁了！你怎么就不利用这些经验去找个钱多不累的活儿享受人生呢？"

大洋彼岸的中国也有和他们一样的人，他们也会看着我想，有的时候甚至公开质疑我：**这个女人脑子是不是有问题？一个中国人说中国话说成那样？！**

我承认，要不断地从自己的舒适区跳到无人涉足的跨界领域确实很难——有的人甚至会认为这是痴人说梦。

特别是，当你离开一个比较成功或者舒适的高位，准备重新开始时，很多对你自尊的攻击便会一拥而上。而且，相信我，这些攻击的力量不可小觑。

我们的整个文化就不乐意改变。所有的系统、组织、规则、标准和规范的设计，都是为了防止我们改变现状。没有人会把你奉为领导者，没有人会给你许可或者是经济上的支持去让你试图改变什么。

大家都不会认同你，大家都会说你想做的事情是不可能完成的。你要是取得了进步，他们的抵制反而更强烈，大家都会试着把你拉回原位。要说还有什么别的可能，那就是大家都会争着做你现在的工作，然后把你淹没在人海中。

要我说，"大家"都是错的，"大家"总是错的。原因在于，尽管这些来自"大家"的否定的声音从未停息，但是创新还是在不断涌现。好的产品被创造出来，这个世界也随之改变。

如果你相信会有好的产品被创造出来，相信个人可以改变世界，那你就不再是"大家"，你是"对的"那种人。

年轻的时候，我更容易受"大家"的影响。幼年时的我只想得到大家的喜欢。那时，我觉得，想要大家都喜欢我，我就得像他们。后来，我渐渐长大，激励我的东西变了——我想让他们记住我。

有一阵子，我确实让大家记住了我。几十年来，我苦心孤诣地融入美国社会，终于成了副市长。但在我之后，洛杉矶又选出了新的副市长，聚光灯一下就转了方向。

我离开市长办公室的那一年是我人生中最艰难的一年。每天早上，我都盯着镜子里的"陌生人"想："如果我不再是洛杉矶市的副市长，那我是谁？"我很迷茫。这么多年都耗在了外表的光鲜上，真正的我去哪儿了。

35 岁的我，还有这么长的人生之路要走。

那一刻，我内心真正的能量开始聚集起来。

活到我这个岁数，最大的好处就是，这些年我变得越来越有勇气，不再在乎那些非我所爱的人的看法。

不过，我还没完全免疫。

对批评的恐惧强大到可以阻止你做任何事情，这种恐惧会在你听到批评之前就毁了你。《30 岁前别结婚》面世前几周，我觉得心很慌。**要是没人看怎么办？** 我会想这个问题。或者更糟的是，要是大家都看怎么办？那我可就完全暴露了。如果我的想法是错的，或者很浅薄、很傻怎么办？要是人们笑话怎么办？中国和美国千差万别，我是哪儿来的自信，觉得自己一个美籍华人竟能写出本对中国女性有用的书来？

结果，令我欣慰的是，数百万中国女性跑来告诉我，我的书改变了她们的一生。这不代表我没受到批评。《30 岁前别结婚》得到了很多一星的评价，比如"这书不适用于中国的大环境"，或者直接就是"狗屁"。

你要做的不是取悦大家，而是辨别你想服务的人，并服务于他们。其他人，并不重要。

你**真正**害怕的是什么？于我而言，是没有激情、没有人生意义、没有愉悦，也没有快乐的人生。

今年是我的本命年。这十二年来，我热切地追寻着我自己的激情和意义所在。毕竟，如果我不出门，不去试着为这个世界创造点什么，我会变成什么样？不过是一个悲情而沮丧的 48 岁的妇女，一个女儿的坏榜样罢了。

我现在还会受恐惧之苦吗？有时候，会的。

我准备将本书投入市场时，过往的恐惧会不时重现。但是，它们现在已经不那么令我痛苦了，因为我会给自己讲新的故事。这个新的故事就是，我在做有意义的事——帮助中国的年轻人实现他们的潜能。本书便是我为这个世界做贡献的努力之一。而且，我会不断地提醒自己，我追求的人生意义远大于我的恐惧。

这也是你现在要做的选择。你想留在舒适圈内吗？还是想冒着曝光在大众和嘲讽面前的风险，解放自我，勇于创造呢？

大家的意见并不重要，真的。

敞开心扉，接受世界给予你的一切

世人大多将"读哈佛，多干活"视为人生准则，或者用西方思维，即一万小时定律。

这些准则并不正确，而且其实很危险，因为很多人会因此把大把大把的时间、金钱和精力投入到错误的方向。"读哈佛，多干活"和一万个小时定律行之有效的前提，是你想，而且只想做着一成不变的工作，演一辈子的独角戏。

但是，在我们多数人居住的现实世界里，全球化和技术变革带来的创新几乎彻底改造了我们生活的环境，数之不尽的机会只等待那些懂得如何吸引它们的人。

　　世上不缺有才华、有干劲的人。决定那些有才华、有干劲的人能否成功的关键因素——就是运气。在"赢者通吃"趋势日益增强的今天，偶然的机会与微小的初始优势常常会随着时间转变为极大的优势。那些成功者总能吸引机会从天而降的幸运时刻，他们总能发现它们、抓住它们，在富有激情和意义的岗位上释放自己全部的潜力。

　　不断成长，将自我重塑放在工作的中心；不断与自我交流，也不断与他人交流；不断努力，打造特性，自我增值。

　　我不认识你，但有一点我知道：你注定有所作为。哪怕你还不明就里，哪怕你觉得创造和分享事物听起来特别高深和冒险，但你一定可以向这个世界传递善意和至关重要的信息。

　　即使你心中尚无清晰的人生意义，你也可以着手开始创造了。你的一切行动都会产生一系列未知的结果，它们会改变你的未来——你未来的工作、未来的人生。

　　别做泛泛之辈，那太**过时**了，要与众不同。好孩子不能改变世界，叛逆者才能。做个叛逆者吧，去创新，去改变。尽情伸展，带着激情和追求成长，去创造这个世界需要的好东西吧。唯有如此，你才能摆脱社会的禁锢，重新找到真实的自己、找到宝贵的真我。唯有如此，你才能吸引好运的到来，生活才能愉悦，充满激情与好运。

　　你可以做到吗？你会这样做吗？现在唯一掣肘你的就是自信不足。正如传言中福特汽车公司亨利·福特曾讲过的话："你觉得自己行，或者不行——都是对的。"

现在的你，比从前任何时刻的任何人都更加强大。

你的人生是一场神圣的馈赠。要么接受它、掌控它；要么，就失去它。

*

听见了吗？

幸运女神正在呼唤你的名字。

你，会怎样回应呢？

致谢

尽管大家都说写作注定是要赴一场孤独的追求之旅，这本书的创作却绝对不是孤身一人奋战。我欣赏那些每年都能盛产著作的作家，像生产智能手机那样流水化生产。我希望我也能像他们一样。但是，也许是因为我作为作家还是个新人，但是对我来说，出书仍然是一个杂乱无章的、令人沮丧和效率低下的过程，而且我能出书和许多人的慷慨帮助密不可分。

如果没有以下提到的所有才华横溢的人做出的贡献，以及所有对本书做出点滴帮助的人，这本书不会得以见世。

故事的开端，我抗拒要写这本书

正如许多美妙的事情都得有一个开头一样，这本书始于我的婆婆 Lennie（伦尼）。尽管她这一生做了很多非凡的事迹，却很不幸地成为阅读我每篇文章的第一

个 "受害者"。

去年春天，我坐在 Lennie 的家中，尝试拜托她一件"苦差事"，那就是让她读读我最新的一篇小说。这篇小说，是关于一个白帽黑客的故事。她来自中国，狠狠揭露了洛杉矶市政府最高层的腐败问题。Lennie 读完前几章后，就放下了书稿，然后问我即将到来的中国之旅。我说我会做一些演讲，主题是关于我们都必须随时学会创造。

她身体向前倾，问我："为什么不就这个主题写一本书？"

她对我这本小说并不"感冒"，但是又不好直接说穿。

我一点儿也没理解她的好意，回答说："因为我在忙着写这本书嘛。"而且，我对将一个演讲变成一本完整的书很是怀疑。也许这个演讲可以变成一本小册子，可是我是一个畅销书作家，不是一个小册子作家呀！

后来，我到中国发表演讲。这些演讲都是由励媄中国联合创始人兼总裁陈玉馨组织的，她是一个非常有远见的人。在全国各地，我与很多励媄分会的领导和成员认识并交流，聊聊大家都是如何为各自的生活注入热情和意义的。每一场演讲都让我有机会进一步完善我对这个主题的想法。

玉馨告诉我："你得把这个演讲变成一本书！"

我回答："我会好好考虑的，"然后小声嘀咕，"下辈子吧。"

夏天到了，我又做了一系列演讲。这次，演讲是由行动派联合创始人刘琦琦和婉萍组织的，她们的团队中许多来自全国各地的志愿者也参与了组织活动。我很高兴能再次遇到这么多志同道合的人，他们都是充满热情的行动派。琦琦和婉萍都敦促我赶紧出一本和职业有关的书。

我亲爱的朋友媒体执行官张鸣真向我介绍了一些出版商，共同讨论未来的合作。我兴奋地和他们分享我新写的那部小说的主题，并询问他们的意见，想知道这部小说是否会一炮而红。

他们回答说："蛮有挑战性的。"这个世界多的是杰出的小说家，我可以和他们竞争吗？他们表示怀疑。

我问："如果我写一本关于职业生涯的书，你们怎么看这个市场？""非常乐观！"他们告诉我。毕竟，好些人已经知道我拥有成功的职业生涯了。

最后，我不得不面对残酷的现实。我所认识的每一个人，只有一个人认为我写这部小说是一个好主意，这个人就是我自己。况且，这部小说并不能帮助这个世界变得更好。而且老实说，我并没有从这部小说的写作中获得多少乐趣。

所以，我中断了小说的写作，开始了这本书的创作。

9个月后，我完成了英文书稿的草稿。

我把书稿的草稿给我的婆婆过目。这一次，她写了好几页笔记，其中一条特别显眼："读完这本书，我真希望我能重新开始我的职业生涯。"

这真是我能想象的最高的赞誉了。

受到婆婆的鼓励后，我把书稿交给我的一些朋友看。他们都有很强的英语能力，他们是：邱凯迪、沈博阳、许有杰、田雨、孙令仪、王军、沈晨和王千惠。他们每个人都为我提供了很好的见解。他们对改进这本书的帮助不可估量，然而余下的问题还得我自己解决。

为我翻译是件头疼事

接下来，就是把我的英文原稿翻译成中文了。真不容易！事实上，大多数人会发现为我翻译是一件非常头疼的事。

一方面，我对语言的精确度近乎痴狂。我从小就在学习英语，这个语言是连接我和美国社会的枢纽。大部分美国人学习英语只是一个耳濡目染的过程，而我则不然，回首这四十多年，我都在刻意完善我的英语能力。结果就是，英语曾经是我的短板，如今却是我的秘密武器。尽管美国社会存在种族和性别歧视，我还是最终走进美国政坛和商业领域高层。

当我写作的时候，我避免使用大部分中国人，甚至是绝大多数翻译者学习的教科书式的标准英语。相反，我喜欢用雅俗共赏的语言来挑战自己，用简单的语言来表达深刻的概念，把复杂的概念通过我们在美国的日常对话表达出来。所有这一切都让和我一起工作的那些不幸的翻译者觉得翻译是一件特别艰巨的事情。

更糟糕的是，我常常要用一堆反馈来轰炸我的翻译者。我爱英语，也爱中文，并对两者之间的差异着迷。我的中文还不够好，不能正确判断一份中文翻译的质量。我就把每个段落的翻译都一个一个放到可以将文字转换成音频的软件，这样我可以听到大声的中文朗诵。不可避免地，我发现很多时候翻译和我的英文原文有出入，甚至是大相径庭。所以，我和那些一次性就能通过翻译稿的一般客户不一样，我的翻译得反复推敲，修改好几稿才行。

你可以想象一下，和我一起工作的翻译人员得多沮丧啊！不止一个人放弃翻译我的作品。在此，我要感谢张彤，坚持翻译这本书到最后。

我还要谢谢陈爽、陈菲菲和宋晶晶在我需要的时候挺身而出。她们都在美国和中国学习过，她们对语言和文化的理解能力不仅对这本书的翻译至关重要，而且还为本书猎寻合适的中文出版商，在整个过程中，她们也给予了莫大的帮助。

高阶猎头挑战案例 1：出版商

在我寻找出版商的时候，我并不是在寻找一个响当当的品牌，或是一家财力雄厚的大出版商。对我而言，这个搜索的重要程度绝不亚于我为自己的孩子寻找一个共同家长—— 一个既亲密又重要的共同家长。作为一个前高管猎头，我相信人才无与伦比的重要性，并相信个人的力量能够改变世界。令人遗憾的是，对于喜欢读书的人来说，互联网行业已经从传统媒体如图书出版行业挖走了大部分年轻人才。因此，这的确是一个具有挑战性的搜索。

我确实遇到了许多有启发性和创造力的人。一个猎头如果不能和想要的人才建立起联系就不是一个好猎头。而我非常幸运能得到闻名业内的喜马拉雅高层姜峰的帮助，他为我重点引荐了数位中国顶尖出版商的负责人。我考虑过很多公司。有时候，我发现能人在平庸的公司工作，却也在优秀的公司里看到过不少庸才位居高位。另外有些时候，我找到有才的知名公司，但是他们的发展愿景又和我这本书不符。不止一个出版商希望这本书会成为快速赚钱的渠道；他们断定，以我独特的国际背景，很容易就能把这本书卖给那些有高收入的爱读书的精英，这些人愿意出高价读好的作品，因此，通过提高我这本书的定价，出版商和作者都能一起赚个盆满钵满。我不希望这本书定位成为给社会名流看的高价著作。我希望**所有人**都能读这本书！我也希望有一个出版商能和我的想法不谋而合，不仅愿意接受更低的单价定价和每本书赚更少的利润，更愿意为这本书注入时间、金钱和营销资源，让更多的来自不同背景的读者读到这本书。

瞧瞧，找一个合适的出版商对我而言有多难！不止一次，我都在想我是否要做出妥协，降低我的搜寻标准，然后找一个还不错的出版商，只是让这本书投到市场上就好了。朋友提醒我大部分作家如果能看见任何一个感兴趣的出版商都会很高兴。

困难重重中，我真的特别幸运能与著名作家曾子航和出版执行官吴凤未成为挚友。在凤未了解到本书的内容后，她坚持我要和她的朋友、磨铁图书的主编魏玲聊聊。我和磨铁结缘，就是她做的引荐。

在我遇到磨铁图书团队的那一刻，我就一见钟情了。这是一家由激情而生的公司，专注于文字。磨铁就是我想要找的共同家长，甚至不止于此。

但是，没有一个经验丰富的猎头会在没有仔细询问、检查后就结束搜索的。于是，我咨询了传媒业内先驱兼磨铁作家刘希平，他肯定了我对出版商寄予的所有期望。

我要感谢魏玲，以及磨铁图书创始人沈浩波和副总编潘良。谢谢他们对本书的信念和巨大支持。我尤其感谢我的合作伙伴兼共同家长——才华横溢的产品经理宋小美，还有张安琪，对合作关系的倾情付出。没有什么比同亲爱的朋友们一起改变世界更有趣了，我很感恩这次和磨铁团队的合作，感谢他们带给我荣幸和快乐。

高阶猎头挑战案例 2：序言作者

我为本书所做的另外一项重要的猎头工作就是要找到为本书写序言的作者。说起找序言作者这事儿，来自网络的研究给了作家们一条忠告："要找一个比你更有名的人！"

但是，我有更多、更远大的愿景：

· 我要的不仅是一个成功人士，也是一个能不断重塑自己的人，且因此而变得非常独特和有价值的人。我要一个能充分提升自己，在世界创造巨大新价值的人。

· 一个能不断在世界不同地域、不同职业领域中创造出新的路径的人。

· 一个有着令人难以置信的头脑的人，这个人能把不同的经验和知识排列组合，创造出惊为天人的新发明。

· 一个不仅仅是以金钱和权利为驱动的人，还是一个有着满腔热情去释放自己的才华，让世界变得更美好、更美丽的人。

· 这个人甚至也许和我有同样的目标，即帮助中国千万年轻人充分发挥自己的潜力。

· 而且，这个人绝对有着杰出的沟通能力，无论是口头还是笔头的能力都完美无缺。这个人还必须要有有趣的灵魂。

是的，这是一条细致的长到荒谬的标准清单，但是你知道我的，我有远大的梦想。在对候选人进行多番研究后，我得出结论，只有一个人符合以上所有条件，这个人就是中国的徐小平。他以音乐家背景华丽转身成为一个伟大的企业家，并转型为投资家。

但是，我怎么能认识他呢？我遇见过很多厉害的人，知道像他这样的 VIP 已经雇了一整个工作团队来保护自己，免得遭遇不请自来的陌生人打扰。

所以，我翻遍我的名片盒，恳求了每一个可能为我做引荐以此建立相互联系的人。有些人告诉我他们不够了解他，其他人则简单地无视我的请求。

我有时候读不懂大家的反应。涉及隐私，社会名流一般都被朋友们保护得很好，我不知道那些不回复我的人仅仅是不愿意做介绍，还是我的请求已经传达到徐老师那里，徐老师只是在想怎么拒绝我呢？毕竟，来中国经商的美国人总会被提醒，中国人非常有礼貌，几乎不会直接说"不"，所以，在没有得到确切的"好"时，都应该认为对方的意思是拒绝。

我很沮丧。徐老师是我唯一想要的人选，但我不仅没能得到徐老师一个肯定的答复，我甚至不知道我的意思是否已经传达到他那里。

最终，我想出了一个好主意。我曾经见过中国最大的交易商之一童小蒙，我推测中国的顶尖投资者应该相互都认识吧。我写了一封电子邮件给徐老师请求他为我写序言，然后把电子邮件转发给小幪，询问该如何做才能和徐老师搭上话。12 个小时以后，小幪回我了。他很熟悉徐老师，并亲自为我传达了请求。第二天，我就得到了答案，徐老师说"好"。我欣喜若狂。

徐老师不仅同意写序言，而他也确实亲自执笔了！尽管他有一个完整的公关和市场营销团队，其中不乏一些优秀的写手，如在哈佛毕业的作家邵恒，徐老师仍抽时间阅读了此书，并且亲自写下对本书的深刻见解，也就是你刚刚看到的序言。我非常感谢徐老师为本书注入的心血，他不仅为本书带来了名气，更重要的是，他带来了他有趣的灵魂和创造精神。

最后，我要感恩所有我爱的人

这本书的封面照片由我哥哥——著名音乐填词人和音乐制作人陈少琪赠予我的。五年前，当《30 岁前别结婚》第一次出版的时候，我在中国一个人也不认识。少琪和他的好妻子黄霭君认我做他们的小妹妹。从那以后，他们就成了我在中国的家人，给我无法估量的爱、支持和商业建议。我也在美国这边非常开心地看着他们的女儿陈明憙成长为一个环球巡演歌手和歌曲创作者，以及小女儿陈明宜发展为一名好莱坞电影导演。在一个永远需要更美丽的文化的世界里，他们整个家庭都在创作能流芳百世的艺术作品。你现在明白为什么少琪为我拍摄本书封面照片对我来说有非常重要了吧！

这次美妙的出书之旅始于我的婆婆 Lennie，没有她就没有这本书，当然也没有我心爱的丈夫和人生伴侣大卫了。每天，他和我一起共同分享生活的酸甜苦辣，我的心常常开出了一片花海。和他相守共同抚养我们两个宝贝女儿是我的快乐和荣幸。我希望她们两个能有远大的梦想，能勇敢前进，能为世界带来影响。

最后但也最重要的是，我要谢谢你们，亲爱的读者。有了你们的力量，才能让我度过写书出书的起伏期。每一个夜晚，我都会梦见你们。你们对我的关注是一份神圣的礼物，我非常非常感谢你们对我的关注。现在，出去闯闯世界吧！去释放你们的热情和才能，去创造一些让我们惊叹的事物吧！

注释：

1　Atkinson, Nancy, "A Conversation with Jim Lovell, Part 2: Looking Back," *Universe Today: Space and Astronomy News*, 24 December 2015.

2　Stacy Berg Dale and Alan B. Krueger, "Estimating the Payoff to Attending a More Selective College: An Application of Selection on Observables and Unobservables," *The Quarterly Journal of Economics*, 1 November 2002, Volume 117, Number 4: 1491-1527.

3　Amy H Mezulis, Lyn Y. Abramson, Janet S. Hyde, and Benjamin L. Hankin, "Is There a Universal Positivity Bias in Attributions? A Meta-Analytic Review of Individual, Developmental, and Cultural Differences in the Self-Serving Attributional Bias," *Psychological Bulletin*, 2004, Volume 130, Number 5: 711–747.

4　Robert H. Frank, "Why Luck Matters More Than You Might Think," *The Atlantic*, May 2016.

5　*Ibid.*

6　Robert H. Frank, *Success and Luck: Good Fortune and the Myth of Meritocracy* (Princeton, NJ: Princeton University Press, 2016).

7　According to proxy statements by Intuit Inc., Chairman, President and CEO Brad D. Smith in 2016 received $18,788,385 in total compensation, consisting of $3,325,000 in total cash compensation and $15,453,385 in total equity.

8　Ben Steverman, "Why Luck Plays a Big Role in Making You Rich," *Bloomberg*, 1 September 2016.

9　Mary Riddell, "Bill Gates: 'If you don't like geeks, you're in trouble," *The Telegraph*, 20 October 2010.

10　Belinda Luscombe, "Meet YouTube's Viewmaster," *TIME*, 27 August 2015.

11　Thomas K. McCraw, *Prophet of Innovation: Joseph Schumpeter and Creative Destruction* (Cambridge, MA: Harvard University Press, 2009).

12   Alex Davies, "Uber's Self-Driving Truck Makes Its First Delivery: 50,000 Beers," *Wired*, 25 October 2016.

13   David Rotman, "The Relentless Pace of Automation," *MIT Technology Review*, 13 February 2017.

14   "Educational Attainment of the Population 25 Years and Older: 2011," U.S. Census Bureau, *Current Population Survey, Annual Social and Economic Supplement, 2011*.

15   Joseph A. Schumpeter, *Capitalism, Socialism, and Democracy: Third Edition* (New York, NY: Harper Perennial Modern Classics, 2008).

16   Scott D. Anthony, S. Patrick Viguerie, and Andrew Waldeck, "Corporate Longevity: Turbulence Ahead for Large Organizations," *Innosight Executive Briefing*, Spring 2016.

17   Bill Drayton and Valeria Budinich, "Get Ready to Be a Changemaker," *Harvard Business Review*, 2 February 2010.

18   Gene Beley, *Ray Bradbury Uncensored! The Unauthorized Biography* (Bloomington, IN: iUniverse, Inc., 2006).

19   Malcolm Gladwell, *Outliers: The Story of Success* (New York: Back Bay Books, 2011).

20   Anders Ericsson and Robert Pool, "Malcolm Gladwell got us wrong: Our research was key to the 10,000-hour rule, but here's what got oversimplified," *Salon*, 20 April 2016.

21   Anders Ericsson, Robert Pool, and Sean Runnette, *Peak: Secrets from the New Science of Expertise* (New York: Houghton Mifflin Harcourt, 2016).

22   RobertAlert, "Hi r/NBA, my name is Robert and I'm an athletic trainer. This is my Kobe Bryant work ethic story," *Reddit*, Original story has been removed from post, but comments remain at: https://www.reddit.com/r/nba/comments/19o38z/hi_rnba_my_name_is_robert_and_im_an_athletic/?st=iz36t7xy&sh=bb2217e4#bottom-comments

23   Michael J. A. Howe, J.W. Davidson, and J.A. Sloboda, "Innate Talents: Reality or Myth," *Behavioral and Brain Sciences*, Volume 21: 399-442.

24   David R Shanks, "Outstanding Performers: Created, Not Born? New Results on Nature vs. Nurture," *Science Spectra*, 1999, Number 18.

25   Lynn Helding, "Innate Talent: Myth or Reality?" *Journal of Singing*, March/April 2011, Volume 67, Number 4: 451–458.

26   Cory Turner, "Practice Makes Possible: What We Learn By Studying Amazing Kids," *All Things Considered Podcast*, National Public Radio, 1 June 2016.

27   Andreas C. Lehmann, K. Anders Ericsson, and Julia Hetzer, "How different was Mozart's music education and training? A historical analysis comparing the music development of Mozart to that of his contemporaries," *Proceedings of the 7th International Conference on Music Perception and Cognition*. Sydney. 2002.

28   Dan Monroe, "Speaking Tonal Languages Promotes Perfect Pitch," *Scientific American*, 9 November 2004.

29   Roger Lowenstein, *Buffett: The Making of an American Capitalist* (New York: Random House, 1995).

30   Paul Sisolak, How Rich Warren Buffett Was at Your Age," *Business Insider*, 12 August 2015.

31   Tarmo Strenze, "Intelligence and socioeconomic success: A meta-analytic review of longitudinal research," *Intelligence*, 2007, Volume 35: 401-426.

32   F. Gobet and H.A. Simon, "Recall of Random and Distorted Positions: Implications for the theory of expertise," *Memory & Cognition*, 2006, Volume 24: 493-503.

33   K. Anders Ericsson, Ralf Th. Krampe, and Clemens Tesch-Romer, "The Role of Deliberate Practice in the Acquisition of Expert Performance," *Psychological Review*, 1993, Volume 100, Number 3: 363-406.

34   David Epstein, "The Sports Gene: Inside the Science of Extraordinary Athletic Performance," *Current*, 2014.

35   MJ Howe, JW Davidson, and JA Sloboda, "Innate talents: reality or myth?" *Journal of Behavioral and Brain Science*, June 1998, Volume 21, Number 3.

36   Sarah-Jane Leslie, Andrei Cimpian, Meredith Meyer, and Edward Freeland, "Expectations of brilliance underlie gender distributions across academic disciplines," *Science*, 16 Jan 2015, Volume 347, Issue 6219: 262-265.

37   Alison Gopnik, "The Dangers of Believing That Talent Is Innate," *Wall Street Journal*, 4 February 2015.

38   Ovid, *Ars Amatoria, Book III: Cambridge Classical Texts and Commentaries* (Cambridge, UK: Cambridge University Press, 2009).

39   Frans Johansson, *The Click Moment: Seizing Opportunity in an Unpredictable World* (London: Portfolio, 2012).

40   "2016 Homeless Count Results, Los Angeles County and LA Continuum of Care," Los Angeles Homeless Services Authority, Updated 10 May 2016.

41   Frans Johansson, *The Click Moment, op. cit.*

42   Brad Darrach, "Meryl Streep on top, and tough enough to stay there: Enchanting, Colorless, Glacial, Fearless, Sneaky, Manipulative, Magical Meryl," *Life Magazine*, December 1987.

43   Clinton, Bill, *My Life* (New York: Knopf, 2004).

44   Osama El-Kadi, "The Art of Listening and Leadership: Bill Clinton Shows the Way," 2007, on Easy-strategy.com at: http://www.easy-strategy.com/art-of-listening.html

45   Chade-Meng Tan, *Search Inside Yourself: The Unexpected Path to Achieving Success, Happiness (and World Peace)* (New York: HarperOne, 2014).

46   Eric Fish, *China's Millennials: The Want Generation* (Lanham, MD: Rowman & Littlefield Publishers, 2016).

47   Barry Paris, *Audrey Hepburn* (New York: G.P. Putnam's Sons, 1996).

48   Joanna Barsh and Lareina Yee, "Changing companies' minds about women,"

McKinsey Quarterly, September 2011.

49   Anjali Becker, *Own It: Oprah Winfrey in Her Own Words* (Evanston IL: Agate B2, 2016).

50   Mary Buffet and David Clark, *The Tao of Warren Buffett: Warren Buffett's Words of Wisdom: Quotations and Interpretations to Help Guide You to Billionaire Wealth and Enlightened Business Management* (New York: Scribner, 2006).

51   Studs Terkel, *Working: People Talk About What They Do All Day and How They Feel About What They Do* (New York: Random House, 1974).

52   Parker J. Palmer, *Let Your Life Speak: Listening for the Voice of Vocation* (Hoboken, NJ: Jossey-Bass, 1999).

53   Max Gunther, *The Luck Factor: Why Some People Are Luckier Than Others and How You Can Become One of Them* (New York: Ballantine Books, 1978).

54   L. P. Jacks, *Education through Recreation* (New York: Harper & Brothers, 1932).

55   Rob Walker, Jeff Bezos, "Amazon.com: Because 'Optimism is Essential'" *Inc.*, 1 April 2004.

56   H. G. Parsa, John T Self, David Njite, and Tiffany King, "Why Restaurants Fail," *Cornell Hotel and Restaurant Administration Quarterly*, August 2005, Volume 46, Number 3: 304-322.

57   Claudia McNeilly, "Busy and broke: Why even the best neighbourhood restaurants are here today and gone tomorrow," *National Post*, 12 January 2017.

58   Peter Thiel with Blake Masters, *Zero to One: Notes on Startups, or How to Build the Future* (New York, NY: Crown Business, 2014).

59   Cal Newport, "Solving Gen Y's Passion Problem," *Harvard Business Review*, 18 September 2012.

60   Cal Newport, *So Good They Can't Ignore You: Why Skills Trump Passion in the Quest for Work You Love* (New York, NY: Grand Central Publishing, 2012).

61   Daniel H. Pink, *Drive: The Surprising Truth About What Motivates Us* (New

228

York, NY: Riverhead Books, 2011).

62   Guy Kawasaki, *The Art of the Start 2.0: The Time-Tested, Battle-Hardened Guide for Anyone Starting Anything.* (New York, NY: Portfolio, 2015).

63   Tim Urban, "Why Generation Y Yuppies Are Unhappy," *The Huffington Post*, 15 September 2013.

64   Carol S. Dweck, *Mindset: The New Psychology of Success* (New York: Ballantine Books, 2007).

65   P. M. Dunn, "Stéphane Tarnier (1828–1897), the architect of perinatology in France," *Archives of disease in childhood. Fetal and neonatal edition*, 2002, Volume 86: F137–F139.

66   Carl Honoré, *In Praise of Slowness: Challenging the Cult of Speed* (San Francisco, SF: HarperOne, 2005).

67   Ferris Jabr, "Q&A with Alex Soojung-Kim Pang: Why is a rested brain more creative?" *Scientific American*, 1 September 2016.

68   Alex Soojung-Kim Pang, *REST: Why You Get More Done When You Work Less* (New York, NY: Basic Books, 2016).

69   *Ibid.*

70   *Ibid.*

71   Nicholas Carr, "Is Google Making Us Stupid? What the Internet is doing to our brains," *The Atlantic*, July/August 2008.

72   Tony Schwartz and Christine Porath, "Why You Hate Work," *New York Times*, 30 May 2014.

73   Cal Newport, *Deep Work: Rules for Focused Success in a Distracted World* (New York, NY: Grand Central Publishing, 2016).

74   *Ibid.*

75   David Brooks, "The Art of Focus," *The New York Times*, 3 June 2014.

76   杨鑫健，吴晓淳，马化腾给创业者的 3 点建议：行业跨界领域最有机会诞生创新，澎湃新闻，2016-7-21，于 2017-4-11. 取自 http://www.thepaper.cn/newsDetail_forward_1501684。

77　Frans Johansson, *Medici Effect: What You Can Learn from Elephants and Epidemics* (New York: Harvard Business Review Press, 2006).

78　"Ten Questions for Emma Watson," *TIME*, 20 November 2010.

79　Mark Batey, "Is Creativity the Number 1 Skill for the 21st Century? Creativity is the essential skillset for the future," *Psychology Today*, 7 February 2011.

80　"Creativity Selected as Most Crucial Factor for Future Success," *IBM 2010 Global CEO Study*, IBM.

81　Mark Runco, *Creativity: Theories and Themes: Research, Development, and Practice* (Cambridge, MA: Academic Press, 2006).

82　Jared Goyette, "One of the six US immigrant Nobel winners is 'totally speechless' over the push to limit immigration," Public Radio International, 11 October 2016.

83　"Patent Pending: How Immigrants are Reinventing the American Economy," Partnership for a New Economy, June 2012.

84　Isaacson, Walter, *Steve Jobs* (New York: Simon & Schuster, 2011).

85　Steve Jobs, Stanford Commencement Address, 14 June 2005.

86　Chris Lydgate, "In Memoriam: Prodigal Son Steve Jobs (1955-2011)" *Reed Magazine*, December 2011, Volume 90, Number 4.

87　Niraj Chokshi, "The Trappist monk whose calligraphy inspired Steve Jobs—and influenced Apple's designs," *The Washington Post*, 8 March 2016.

88　Dan Farber, "What Steve Jobs really meant when he said 'Good artists copy; great artists steal,'" *CNET*, 28 January 2014.

89　Drake Baer, "Here's How Zen Meditation Changed Steve Jobs' Life And Sparked A Design Revolution," *Business Insider*, 9 January 2015.

90　Walter Isaacson, "How Steve Jobs' Love of Simplicity Fueled A Design Revolution," *Smithsonian Magazine*, September 2012.

91   Marguerite Ward, "Warren Buffett's reading routine could make you smarter, science suggests," *CNBC*, 16 Nov 2016.

92   Brad Tuttle, "Warren Buffett's Boring, Brilliant Wisdom," *TIME*, 1 March 2010.

93   Shane Parrish, "The Buffett Formula—How To Get Smarter," *Farnum Street Blog*, 15 May 2013.

94   Charlie Munger, "A Lesson on Elementary, Worldly Wisdom as It Relates To Investment Management & Business," Speech, USC Business School, 1994.

95   Shane Parrish, "Mental Models: How Intelligent People Make Better Decisions," *Farnam Street Blog*, undated.

96   Shane Parrish, "Charlie Munger on The Intelligent Improvement of Yourself," *Farnum Street Blog*, 25 March 2017.

97   Steven Kotler, "Create a Work Environment That Fosters Flow," *Harvard Business Review*, 6 May 2014.

98   Edward Hoffman, "Living Positively: Finding flow in everyday life," *Whiteswanfoundation.org*.

99   Teresa M. Amabile, Sigal G. Barsade, Jennifer S. Mueller, and Barry M. Staw, "Affect and Creativity at Work," *Administrative Science Quarterly*, Johnson Graduate School at Cornell University, 2005, Volume 50: 367-403.

100   Steven Kotler, "Flow States and Creativity: Can you train people to be more creative?" *Psychology Today*, 25 February 2014.

101   Dale Carnegie, *How to Win Friends and Influence People* (New York: Simon & Schuster, 1936).

102   Mark S. Granovetter, "The Strength of Weak Ties," *American Journal of Sociology*, May 1973, Volume 78, Number 6: 1360-1380.

103   *Ibid.*

104   David Teten and Chris Farmer, Time for Investors to Get Social," *Harvard*

Business Review, June 2010.

105   *Ibid.*

106   Joanne "J.K." Rowling, Harvard Commencement Address, 2008.

107   Angela Duckworth, *Grit: The Power of Passion and Perseverance* (New York: Scribner, 2016).

108   Fyodor Dostoyevsky and David McDuff, *The House of the Dead* (London, UK: Penguin Classics, 1986).

109   Stephen King, *On Writing: A Memoir of the Craft* (New York: Scribner, 2010).

110   Charlie Rose, "Charlie Rose Talks to Alibaba's Jack Ma," *Bloomberg*, 29 January 2015.

111   Jack Ma, "Harvard Rejected Me Ten Times," Speech, *World Economic Forum*, 14 September 2015.

112   Shai Oster, "How a Pizza Deliveryman Became China's Greatest Angel Investor," *The Information*, 6 April 2017.

113   Estee Lauder, *Estee: A Success Story.* (New York: Random House, 1985).

114   Per Forbes.com, Estée Lauder Inc. as of May 2017 has a market capitalization of USD $30.8 billion.

115   Richard Severo, "Estée Lauder, Pursuer of Beauty and Cosmetics Titan, Dies at 97," *New York Times*, 26 April 2004.

116   Estée Lauder, *op. cit.*

117   *Ibid.*

118   Tatiana Morales, "Cosmetics Mogul Estée Lauder Dies," *Washington Post*, 12 April 2004.

119   Daniel Alef, *Estée Lauder: Doyenne of Beauty.* (Santa Barbara, CA: Titans of Fortune Publishing, 2010).

120   Robert Grayson, *Estée Lauder: Businesswoman and Cosmetics Pioneer.* (North Mankato, MN: ABDO Publishing Company, 2014).

121   *Ibid.*

122   Richard Severo, *op. cit.*

123   Estée Lauder, *op. cit.*

124   *Ibid.*

125   Daniel Alef, *op. cit.*

126   Joan Juliet Buck, "Estée Lauder: Face to Face," Vogue, January 1986.

127   Joelle Jay, "Why Most Leadership Development Programs for Women Fail And How To Change That," *Fast Company*, 5 September 2014.

128   Guy Kawasaki, "The Art of Bootstrapping," *GuyKawasaki.com*, 26 January 2006.

129   Leigh Buchanan, "How Great Entrepreneurs Think: Think inside the (restless, curious, eager) minds of highly accomplished company builders," *Inc.*, 1 February 2011.

130   Tatiana Morales, *op. cit.*

131   Estée Lauder, *op. cit.*

132   Ellen DeGeneres, *Seriously...I'm Kidding* (New York, NY: Grand Central Publishing, 2012).

133   Clayton Christensen, *The Innovator's Dilemma: When New Technologies Cause Great Firms to Fail* (Brighton, MA: Harvard Business Review Press, 2013).

134   *Ibid.*

135   Eric Ries, *The Lean Startup: How Today's Entrepreneurs Use Continuous Innovation to Create Radically Successful Businesses* (New York: Crown Business, 2011).

136   Bill Taylor, "MBAs vs. Entrepreneurs: Who Has the Right Stuff for Tough Times?" *Harvard Business Review*, 4 May 2009.

137   Peter Sims, *Little Bets: How Breakthrough Ideas Emerge from Small Discoveries* (New York: Simon & Schuster, 2013).

138   Dan Pontefract, "What Is Happening at Zappos?" *Forbes*, 11 May 2015.

139   Ries, *op. cit.*

140 "Nobel Prize Facts," *Nobel Media AB. 2014*, Nobelprize.org. Retrieved 14 March 2017.

141 John Hargan, "Stubbornly Ahead of his Time," *Scientific American*, March 1993, Volume 266, Issue 3, Pages 36-40.

142 Francis Crick, "The Impact of Linus Pauling on Molecular Biology," The Pauling Symposium, Oregon State University Libraries, Oregon State University Special Collections, 1996.

143 Mariel Reed, "'The most courageous act is still to think for yourself. Aloud' – 25 Coco Chanel quotes to live by," *Marie Claire*, 4 October 2016.

144 "Steve Jobs 1994 Uncut Interview," Film Interview, Silicon Valley Historical Association, 1994.

145 Guy Kawasaki, "Make Meaning in Your Company," Speech at Stanford University, *Stanford eCorner*, 20 October 2004.

How to
get lucky
in life

让我们在快乐中不断共同成长吧！

亲爱的朋友们：

非常感谢您阅读此书。本书的写作过程给我带来了很多快乐，希望您的阅读过程也是同样快乐的。

尽管我可能年纪比你虚长一点，但我并不拥有所有的答案。我和你一样，只是个学生。我个人的经历告诉我，人生的旅程有时会孤独，有时会让你迷茫。因此，欢迎您加入我们关于事业和生活的持续对话。

熊抱一个，

Joy

陈愉 Joy Chen

www.joychenyu.com

图书在版编目（CIP）数据

30岁趁势而为 /（美）陈愉（Joy Chen）著；张彤
等译. — 北京：北京联合出版公司，2017.8
ISBN 978-7-5596-0799-7

Ⅰ. ①3… Ⅱ. ①陈… ②张… Ⅲ. ①成功心理—通俗
读物 Ⅳ. ①B848.4-49

中国版本图书馆CIP数据核字（2017）第190744号

30岁趁势而为

作　　者：〔美〕陈愉（Joy Chen）
译　　者：张　彤　陈　爽　陈菲菲　宋晶晶
责任编辑：昝亚会　夏应鹏
封面设计：门乃婷工作室

北京联合出版公司出版
（北京市西城区德外大街83号楼9层　100088）
三河市文通印刷包装有限公司印刷　新华书店经销
字数175千字　　700毫米×980毫米　1/16　15.5印张
2017年10月第1版　　2017年10月第1次印刷
ISBN 978-7-5596-0799-7

定价：42.00元